MAISONS
DE BOIS ROND

Dédicace :

À Florence et
à Paul-Émile

ANDRÉ JULIEN

LA MAISON DE BOIS ROND

technique de construction scandinave

ÉDITIONS DE MORTAGNE

Édition
Les Éditions de Mortagne
Case postale 116
Boucherville (Québec)
J4B 5E6

Distribution
Tél.: (450) 641-2387
Télec.: (450) 655-6092
Courriel: info@editionsdemortagne.com

Dépôt légal
Bibliothèque nationale du Canada
Bibliothèque nationale du Québec
Bibliothèque Nationale de France
2e trimestre 1985

ISBN: 978-2-89074-198-0

10 11 12 13 14 - 85 - 13 12 11 10 09

Imprimé au Canada

TABLE DES MATIÈRES

INTRODUCTION

Nos aïeux construisaient des maisons d'une beauté incomparable. L'art de l'assemblage des pièces de bois n'avait pas de secret pour eux. Ils pouvaient sans difficulté, de façon quasi innée, passer de l'arbre au produit fini.

Ma génération, élevée dans des maisons à ossature, avait oublié la façon de travailler avec des matériaux qui ne sont pas préusinés. Cet emploi massif du produit manufacturé standard avait lentement endormi notre ingéniosité et le goût de faire beau.

La maison de type «bungalow» nous avait envahis. Il fallait s'attendre à une réaction.

Chez nous est apparue la maison de pièces à emboîtage ou enclave à queue d'aronde, de style traditionnel avec lucarnes et toit à 45°.

Chez nos voisins et concitoyens anglophones, on a vu naître un engouement toujours grandissant pour la maison en bois rond scandinave dont le plus bel exemple, le château Montebello, se trouve paradoxalement au Québec. La technique de construction utilisée est connue depuis des siècles par les Scandinaves. C'est cette technique que nous étudierons dans cet ouvrage.

Presque inconnue, elle fut très peu employée chez nous. Le bois rond étant, pour la plupart du temps, réservé à la construction de campements, où les hommes de chantier s'hébergaient pour la durée de la coupe. C'était également la maison du pauvre que l'on quittait rapidement lorsque le niveau de vie s'améliorait. Une maison où les billots étaient déposés sans plus de préparation, les uns sur les autres et où on colmatait les jours à l'aide d'étoupe. Symbole d'une vie ratée et de misère, on l'a rejetée de nos souvenirs pour n'en garder que l'image du camp de chasse ou de pêche.

Sa technique de construction est demeurée rudimentaire et exécutée à la «Va comme je te pousse». Et les préjugés face aux nouvelles techniques n'ont pas changé pour autant. J'ai personnellement vu un évaluateur inscrire à son dossier, lors de la visite d'une maison en bois rond, qu'il n'y avait ni parement extérieur, ni finition intérieure, ni isolation!

Mais rassurons-nous, ces préjugés ont cours sur tout le continent. Ils persistent tout simplement un peu plus longtemps chez nous, le renouveau de cet art et l'intérêt qu'on y porte étant l'œuvre d'un Canadien anglophone de la Colombie-Britannique, Me B. Allan Mackie. Son école possède une renommée mondiale qui a déjà attiré étudiants et étudiantes de tous les coins du globe. Ses livres sont un hymne triomphant sans cesse renouvelé à la construction en bois rond.

Le présent volume veut simplement suppléer au manque d'information en français sur ce sujet et dans la mesure du possible l'éclairer d'un jour nouveau.

C'est un livre pour rêver et pour faire, un livre qui s'adresse aux gens qui aiment le travail manuel, aux perfectionnistes qui croient que la beauté peut être efficace, qui veulent l'inscrire dans leur réalité quotidienne et qui croient qu'on peut se sculpter un chez-soi pour des générations à venir.

Un livre guide, un livre outil qui, étape par étape, vous permettra d'oser et de construire votre maison au seul prix de vos efforts, peut-être à l'abri des taux usuraires.

Un livre qui ne se veut en aucun cas une étude exhaustive de tous les styles et techniques des maisons en bois rond ou en pièces. On y privilégie une technique au détriment de toutes les autres en assumant qu'elle est applicable à tout genre de construction en billot, y compris le pièce sur pièce, chéri par nos ancêtres français.

Un livre qui, je le souhaite, remplira ses ambitieuses promesses.

Avant de construire

• Quand couper les arbres

La saison tout indiquée est l'hiver. À ce moment, l'arbre contient très peu de sève, et surtout, il peut être facilement traîné sur la neige sans être sali par la terre, les roches et la boue. Viennent ensuite par ordre, la fin de l'automne, l'été et le printemps. Cette dernière saison, prisée par plusieurs parce qu'elle permet de peler plus rapidement les arbres gorgés de sève, est à éviter. L'arbre plus lourd a tendance à tordre et à se fendiller lorsqu'il sèche.

• Quand peler les billots et comment les protéger

Les arbres coupés l'hiver se pèlent facilement lorsqu'ils dégèlent. Mais soyez patient, n'enlevez l'écorce d'un billot que si vous pensez vous en servir bientôt. Et même si vous devez attendre avant de l'utiliser, laissez l'écorce, elle protégera le billot contre les attaques trop directes du soleil ou celles plus sournoises de l'humidité et l'empêchera de fendiller pendant qu'il sèche. Vérifiez régulièrement si des insectes ne se sont pas installés entre l'arbre et l'écorce. Évidemment l'écorçage sera plus ardu. Mais l'effet final est très agréable à voir.

Si un contretemps vous oblige à entreposer du bois déjà pelé, badigeonnez-le d'une solution de pentachlorophénol et d'huile de lin (voir recette à la fin du volume) pour qu'il ne tache pas. On dit également que du sel délayé dans l'eau (autant de sel qu'on peut en délayer) produit le même effet.

Un conseil avant d'écorcer: enlevez soigneusement tous les nœuds et les branches à la scie à chaîne ou à la hache pour un fini plus soyeux. Si le billot est sec, utilisez une plane pour écorcer, choisissez la plus lourde que vous puissiez trouver, son poids travaillera pour vous. Si le billot est vert, une pelle ronde, une hache, un écorceur ou tout simplement une lame de suspension dont vous aurez arrondi et affilé le bout, feront l'affaire.

• Comment les entreposer

Évitez qu'ils ne touchent le sol en déposant sous la première rangée du bois de rebut. Si l'entreposage doit être suffisamment long, laissez un espace entre chaque billot pour que l'air puisse circuler librement. Et si vous ne construisez que l'an prochain, placez la seconde rangée perpendiculairement à la première. Alternez ainsi pour les autres rangées.

• Quelle grosseur choisir?

On dit qu'une grosse bâtisse doit être construite avec de gros billots et une petite avec de petits billots pour que le tout ait une belle apparence. Pour les petits billots pas de problème, on a toujours le choix, mais pour les gros! De toute façon, il y a un diamètre minimum à respecter si on veut que la maison soit chaude: dix pouces (25cm) à la tête du billot dans la mesure du possible. Un tel billot s'il mesurait 35 pieds (11M) aurait environ 16 pouces (40cm) à la souche, ce qui donne un diamètre moyen de 12 à 13 pouces centre (30-32cm), suffisamment pour répondre aux normes d'isolation.

• Quelle espèce choisir?

Au risque d'en surprendre plusieurs, je dirais n'importe laquelle, même le tremble ou faux peuplier si cela vous chante. Évidemment si vous avez la chance de construire en cèdre ou en chêne, n'hésitez pas.

Les sortes de bois les plus couramment employées sont le sapin et l'épinette. Gardez l'épinette pour les membrures du toit et des planchers, et passez votre sapin dans les murs, sa résistance est moindre.

• Où s'approvisionner?

C'est un problème, un sérieux problème. Au Québec, à l'exception du mélèze que l'on préfère écraser ou laisser pourrir sur place parce qu'il est trop lourd pour flotter, l'approvisionnement en bois est chasse gardée des compagnies de papier et de moulins à vocation industrielle. Selon l'arrêté en Conseil 1064-75, vous devrez être reconnu comme usine de transformation de bois, avant de pouvoir penser à obtenir un seul billot provenant des terres de la couronne.

Mais si vous êtes un bénéficiaire de l'aide sociale ou un organisme à but non lucratif, faites valoir vos droits, article 120 chap. 92 / terres et forêts, et obtenez 10 000 pieds de bois de résineux de qualité, c'est suffisant pour vous construire une maison. Le pied de bois est une unité de mesure qui a un pied de large par un pied de long par un pouce d'épais. Un cube de bois de 1 pied contient 12 pieds de bois. Cette terminologie est pratique courante dans le domaine forestier mais peu à peu avec la venue du système métrique il faudra s'habituer à mesurer en *cunit*.

· Mesurage du bois

Table de cubage de la province de Québec pour le bois de sciage
en vigueur depuis le 1er mai 1946

Table de cubage Roy

Diamètre fin bout	LONGUEURS EN PIEDS / LENGHT IN FEET																	Diamètre petite extrémité
	4′	5′	6′	7′	8′	9′	10′	11′	12′	13′	14′	15′	16′	17′	18′	19′	20′	
	CONTENU EN PIEDS MESURE DE PLANCHE / CONTENTS IN FEET BOARD MEASURE																	
3	1	1	1	1	2	2	2	2	2	3	3	3	3	3	4	4	4	3
4	2	2	3	3	4	4	5	5	5	6	6	7	7	8	8	9	9	4
5	3	4	5	6	6	7	8	9	10	10	11	12	13	14	14	15	16	5
6	5	6	8	9	10	11	13	14	15	16	18	19	20	21	23	24	25	6
7	7	9	11	13	14	16	18	20	22	23	25	27	29	31	32	34	36	7
8	10	12	15	17	20	22	25	27	29	32	34	37	39	42	44	47	49	8
9	13	16	19	22	26	29	32	35	38	42	45	48	51	54	58	61	64	9
10	16	20	24	28	32	36	41	45	49	53	57	61	65	69	73	77	81	10
11	20	25	30	35	40	45	50	55	60	65	70	75	80	85	90	95	100	11
12	24	30	36	42	48	54	61	67	73	79	85	91	97	103	109	115	121	12
13	29	36	43	50	58	65	72	79	86	94	101	108	115	122	130	137	144	13
14	34	42	51	59	68	76	85	93	101	110	118	127	135	144	152	161	169	14
15	39	49	59	69	78	88	98	108	118	127	137	147	157	167	176	186	196	15
16	45	56	68	79	90	101	113	124	135	146	158	169	180	191	203	214	225	16
17	51	64	77	90	102	115	128	141	154	166	179	192	205	218	230	243	256	17
18	58	72	87	101	116	130	145	159	173	188	202	217	231	246	260	275	289	18
19	65	81	97	113	130	146	162	178	194	211	227	243	259	275	292	308	324	19
20	72	90	108	126	144	162	181	199	217	235	253	271	289	307	325	343	361	20
21	80	100	120	140	160	180	200	220	240	260	280	300	320	340	360	380	400	21
22	88	110	132	154	176	198	221	243	265	287	309	331	353	375	397	419	441	22
23	97	121	145	169	194	218	242	266	290	315	339	363	387	411	436	460	484	23
24	106	132	159	185	212	238	265	291	317	344	370	397	423	450	476	503	529	24
25	115	144	173	202	230	259	288	317	346	374	403	432	461	490	518	547	576	25
26	125	156	188	219	250	281	313	344	375	406	438	469	500	531	563	594	625	26
27	135	169	203	237	270	304	338	372	406	439	473	507	541	575	608	642	676	27
28	146	182	219	255	292	328	365	401	437	474	510	547	583	620	656	693	729	28
29	157	196	235	274	314	353	392	431	470	510	549	588	627	666	706	745	784	29
30	168	210	252	294	336	378	421	463	505	547	589	631	673	715	757	799	841	30
31	180	225	270	315	360	405	450	495	540	585	630	675	720	765	810	855	900	31
32	192	240	288	336	384	432	481	529	577	625	673	721	769	817	865	913	961	32
33	205	256	307	358	410	461	512	563	614	666	717	768	819	870	922	973	1024	33
34	218	272	327	381	436	490	545	599	653	708	762	817	871	926	980	1035	1089	34
35	231	289	347	405	462	520	578	636	694	751	809	867	925	983	1040	1098	1156	35
36	245	306	368	429	490	551	613	674	735	796	858	919	980	1041	1103	1164	1225	36
37	259	324	389	454	518	583	648	713	778	842	907	972	1037	1102	1166	1231	1296	37
38	274	342	411	479	548	616	685	753	821	890	958	1027	1095	1164	1232	1301	1369	38
39	289	361	433	505	578	650	722	794	866	939	1011	1083	1155	1227	1300	1372	1444	39
40	304	380	456	532	608	684	761	837	913	989	1065	1141	1217	1293	1369	1445	1521	40

Le point divisionnaire est le 3/4 pouce, c'est-à-dire que les fractions inférieures à 3/4 pouce sont négligées; celles égales ou supérieures à 3/4 pouce accroissent le diamètre d'une unité. — Le volume des billes de 8 à 18 pieds de longueur inclusivement est établi par le diamètre du fin bout des billes seulement. Le volume des billes de 19 et 20 pieds de longueur est établi d'après le diamètre moyen (la demi-somme que donnent les diamètres des grandes et petites extrémités additionnés ensemble). — Toute prise de diamètre se fait à l'intérieur de l'écorce — Le volume des bois de plus de 20 pieds de longueur est établi au pied cube solide.

BOIS DE SCIAGE

(Instructions en force à partir du 1er mai 1954)

1. SEULS LES VICES ET LES TARES VISIBLES ET VUS PEUVENT ÊTRE PRIS EN CONSIDÉRATION PAR LE MESUREUR.
2. Toutes les billes, que le concessionnaire, l'entrepreneur ou leurs agents estimeront comme ayant des tares et des vices difficiles à être appréciés par le mesureur, à leur juste valeur, devront être empilées séparément.
3. Pour les vices et les tares apparaissant dans les billes de sciage, les réductions se feront toujours en pourcentage de la perte en volume qu'occasionnent ces vices ou ces tares.
4. Les réductions devront toujours se faire en pointant, dans la colonne des rebuts et réductions, le diamètre correspondant à la perte occasionnée par le ou les défauts.
5. Les réductions, pour les croches ou courbes, se feront toujours en pourcentage de la perte occasionnée par ces croches ou courbes et seront toujours pointées en diamètre; l'on ne peut jamais réduire le diamètre d'une bille.
6. Sur chaque bille réduite, devra être marqué le diamètre de la réduction que le mesureur a faite.
7. Pour aucune considération, le diamètre d'une bille peut être réduit.
8. SEULES LES BILLES AYANT PLUS DE 66-2/3% EN VOLUME DE BOIS AVARIÉ, PEUVENT ÊTRE CONSIDÉRÉES COMME REBUTS.

COMMISSION DU SALAIRE MINIMUM

Ordonnance no 39, 1942

La Commission ordonne et décrète que le salaire des ouvriers forestiers travaillant à forfait soit calculé suivant les unités de mesure et le mode de mesurage tels qu'établis par les règlements et instructions officiels du mesurage des bois abattus, du ministère des Terres et Forêts de la province de Québec. Dans la présente ordonnance et son application, les termes suivants ont le sens qui leur est donné ci-après; — *Corde*: la corde de 4,0' X 4,0' X 8,0', soit 128 pieds cubes apparents;

1 000 pieds mesure de planche: calculés d'après les méthodes de mesurage officielles (Terres et Forêts); 100 pieds cubes solides: le volume des bois établi d'après les méthodes de mesurage officielles (Terres et Forêts);

Longueur des billes: la longueur commerciale plus la surlongueur tolérée par les méthodes de mesurage officielles (Terres et Forêts).

Le volume des bois coupés par les ouvriers forestiers travaillant à forfait (sur les terres de la Couronne ou ailleurs) doit être établi par un mesureur de bois ayant obtenu son permis du ministre des Terres et Forêts (ch. 94, R.S.Q., 941).

Facteurs de conversion

Consommation:

1 000 p.m.p. de bois rond résineux:	5,7 mètres cubes
1 000 p.m.p. de bois rond feuillu:	5,0 mètres cubes
1 tonne (2 000 lbs):	0,907 tonne métrique
1 cunit (100 pi^3):	2,83 mètres cubes
1 corde apparente (4′ X 4′ X 8′):	2,41 mètres cubes solides
1 corde:	3,625 mètres cubes app.

Produits manufacturés:

1 000 p.m.p. de bois scié:	2,0 mètres cubes
1 toise (bardeau):	9,3 mètres carrés
1 pied carré:	0,093 mètre carré
1 livre:	0,454 kilogramme
1 m. cube solide:	1,5 mètre cube apparent
1 tonne métrique (kg):	1,111 mètre cube solide

13
10
3
4
6
9
2
1
5
11
8
12
7

A
J
F
B
H
M
E
C
G
D
I
K
N

Les outils

Le coffre d'un constructeur en bois rond est une boîte à surprise pour le menuisier de métier.

(1) L'outil le plus utilisé est la scie à chaîne. Celle que vous verrez illustrée tout au long du livre est une Uskvarna.

Malheureusement notre industrie nord-américaine ne produit pas de bonnes tronçonneuses. La vibration et le son y sont insoutenables. Jousered et Stilh fabriquent également de bonnes scies, mais la force, la forme et la maniabilité de la Uskvarna en font un outil privilégié. Utilisez une lame de 20″ (50cm).

(2) La hache demeure indispensable: une Oxhead de 3 ½ lbs (1,25kg) de fabrication anglaise est un outil efficace et polyvalent. Mais les haches de concours, (5lbs-2,25kg) suédoises et australiennes possèdent un acier magnifique et vous procureront joie et respect.

Un strict minimum d'outils comprendra en outre: (voir photo)

(3) un niveau (choisissez-en un avec une seule bulle au centre, que vous pourrez utiliser à plat)
(4) un cordeau (utilisez de la craie rouge)
(5) un ruban à mesurer de 25′ (8m), 1″ de large (2,5cm),
(6) quelques ciseaux à bois ¾″ (2,0cm), 1″ (2,5cm), 2″ (5cm)
(7) un maillet (caoutchouc ou bois)
(8) une plane (la plus pesante possible)
(9) un peavey ou un canthook (tourne-billes)
(10) un compas à niveau et des crayons indélébiles
(11) un petit pulvérisateur à eau (pour mouiller le bois afin que la trace du crayon soit bien visible)
(12) un assortiment de limes et de pierres à affûter
(13) un casque de sécurité avec visière et *protège-oreilles*

À cette liste préliminaire, on peut ajouter avec le temps:

a) un niveau de 4′ (1,20m)
b) un lissoir (ne jamais frapper sur le manche avec un maillet, à utiliser en poussant)
c) un ruban à billot (au moins 75′ — peut-être utilisé par un homme seul grâce au crochet qu'il porte à l'extrémité)
d) une lunette à niveau
e) un fil à plomb
f) un tire-fort
g) des pinces à billot
h) un collier de bœuf
i) un petit moulin portatif
j) un écorceur
k) une tille (doloire ou herminette)
l) un pulvérisateur (2 gallons-9 litres)
m) équerre et fausse-équerre
n) une égoïne
o) une hache à équarrir
p) tarière (1 ½″, 2 ″), etc.

Certains devront être fabriqués localement:

q) crampes à billots (fig. 1)
r) chevalets pour billots courts (fig. 48a-b), etc.

LEXIQUE ILLUSTRÉ DES COMPOSANTES DE LA MAISON

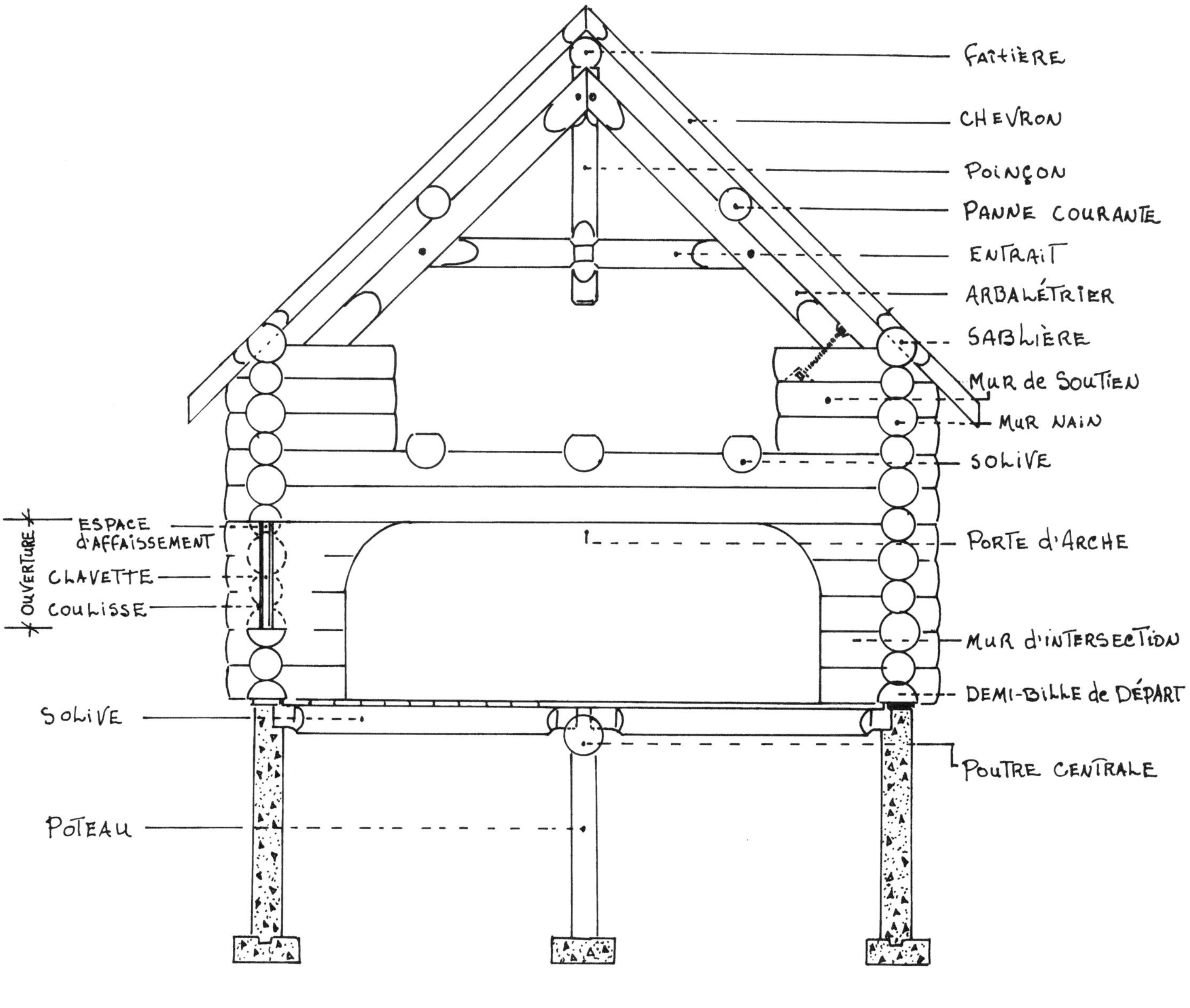

LA CONSTRUCTION

PRÉPARATION DES BILLES DU PREMIER RANG

•Choix des billots

Il nous faut dès maintenant effectuer un premier tri de nos billots et choisir les trois plus gros du lot, tout en s'assurant qu'ils sont très droits. Deux raisons justifient cette démarche: une, d'ordre esthétique et l'autre, d'ordre pratique. En effet, votre maison vous semblera débalancée si vous commencez vos murs par des billots de moindre taille et terminez le haut avec des billots de plus grande dimension. Et pratiquement, il est plus facile de manipuler les pièces les plus lourdes à ras de sol, plutôt qu'à une hauteur de 4′ (1,2 m) et plus.

•Billot refendu

Le plus petit des billots choisis sera scié en deux parties égales sur le sens de la longueur. Les méthodes pour ce faire sont nombreuses.

Coupe à main levée

La première, employée par la plupart des constructeurs est la coupe à main levée, c'est-à-dire sans l'aide d'aucun guide pour la scie. C'est la plus rapide pour un ouvrier exercé.

Le billot est d'abord placé sur deux chevalets ou deux pièces de bois de travers préalablement encochées pour le recevoir et le tourner sur place sans danger.

On fixera la pièce en place à l'aide d'un coin de bois ou d'une crampe à billot (fig. 1). Il faut maintenant trouver le centre de chaque extrémité du billot. On ne doit pas se fier aux cercles de croissance annuelle. On utilise un ruban à mesurer, le centre se trouvant à mi-chemin entre le dessus et le dessous du billot.

À l'aide d'un niveau de menuisier, on trace une ligne horizontale qui se situe légèrement plus bas que le point central, pour tenir compte de l'épaisseur du trait de scie (fig. 1). On trace

Figure 1

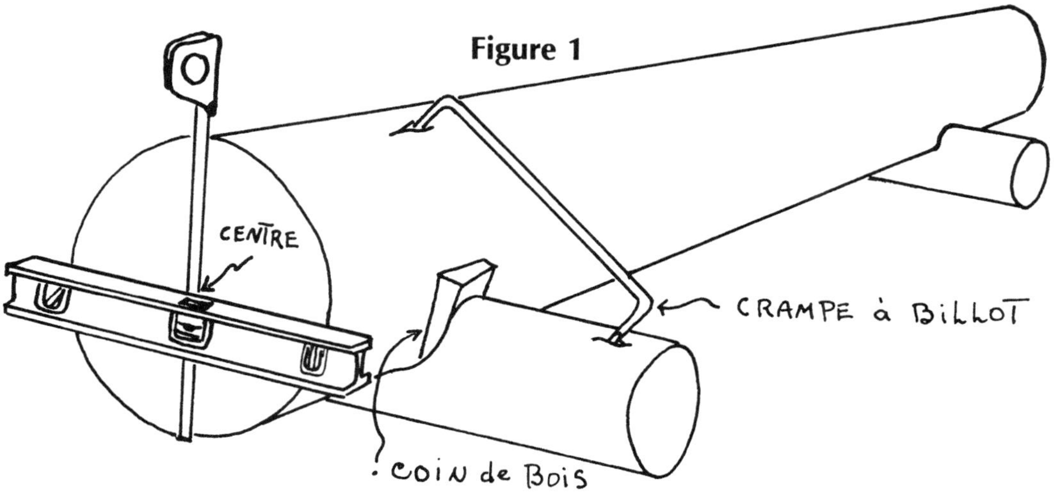

un second trait au niveau vertical, celui-là passant par le centre. Cette dernière précaution nous sera utile lorsqu'on commencera à monter le carré.

Se servant du trait à l'horizontale comme point de repère, on tire une ligne au cordeau de chaque côté du billot (fig. 2). Ce travail ne doit pas être fait à la hâte. La corde doit être parfaitement à l'horizontale avant d'être relâchée.

Le billot est prêt à être refendu.

Pour exécuter ce travail, une scie à chaîne doit être parfaitement affûtée. Prenez la plus puissante que vous puissiez trouver. Si votre tronçonneuse est trop faible, elle surchauffera. Laissez-la refroidir et travaillez par étapes.

Figure 2

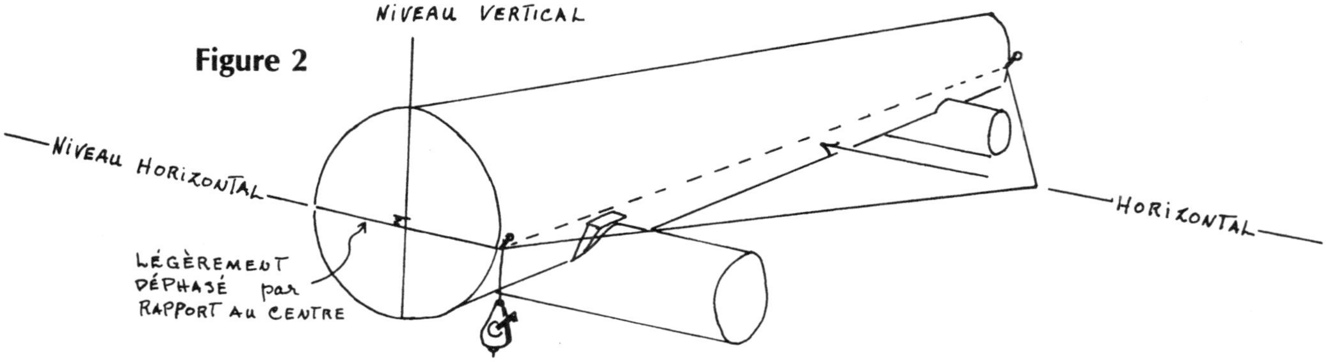

On débute la coupe juste au-dessus de la ligne de niveau horizontale. On refend le billot en évitant d'entamer la ligne de cordeau puisqu'elle constitue notre point de repère.

Si le billot est trop large et qu'on ne voit pas la ligne située de l'autre côté, on doit se faire aider par une autre personne. Cette dernière, à l'aide d'un bâton, dirigera l'extrémité de votre lame, l'abaissant ou la remontant au besoin, suivant qu'elle s'éloigne ou se rapproche trop de la ligne de cordeau. (fig. 3)

Il est bon de prévoir une série de coins de bois qu'on installera dans le trait de scie pour empêcher la partie supérieure du billot de venir s'écraser contre la lame.

Coupe à l'aide d'un gabarit

Ceux qui sont rébutés par ce travail manuel peuvent utiliser d'autres méthodes plus sûres. On peut construire, à l'aide de madriers bien droits, un gabarit qui nous offrira une coupe parfaite à tous coups.

Figure 3

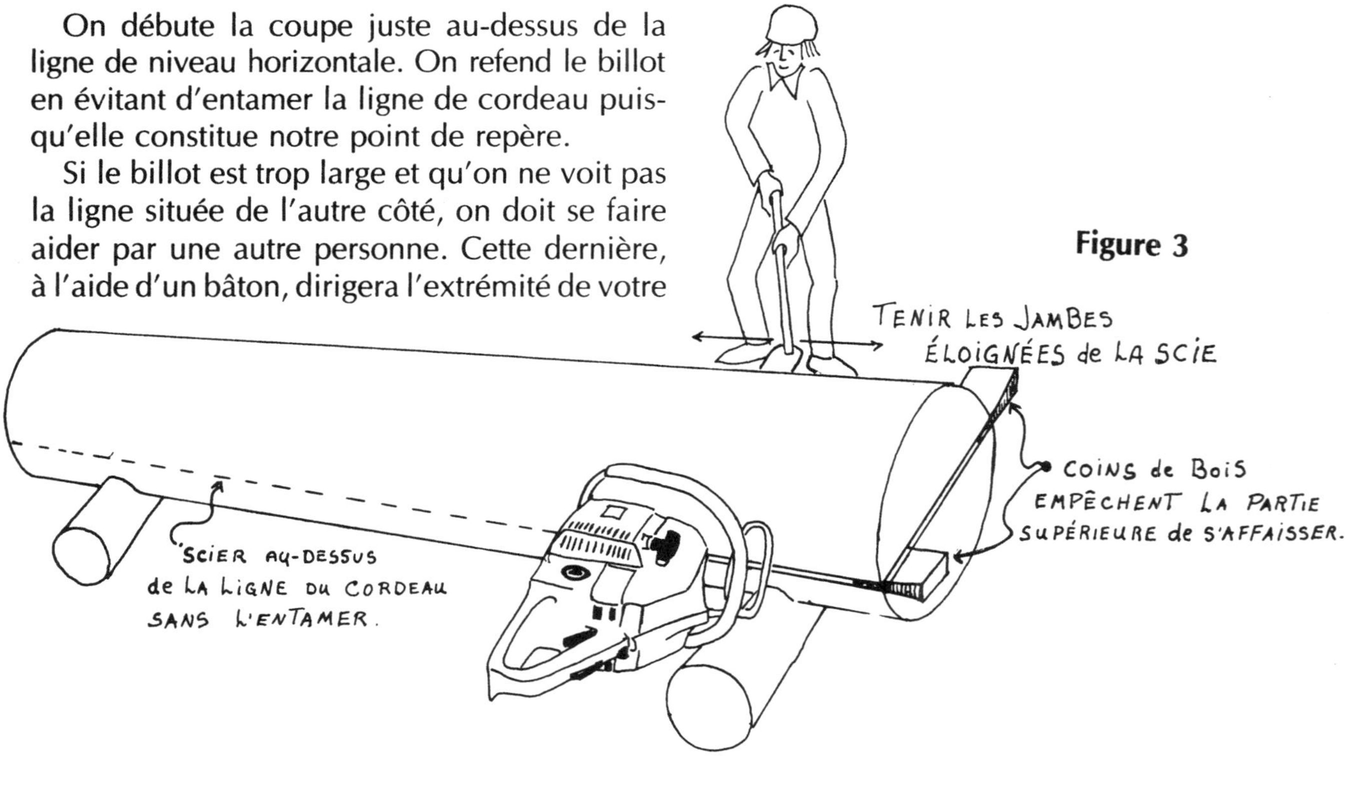

On devra se procurer une lame de 30 à 36 pouces (76 cm à 91 cm) et y faire creuser deux fentes dans lesquelles viendront coulisser deux blocs de bois, qu'on pourra ajuster à volonté. Ces blocs sont constitués de deux plaquettes de contre-plaqué, reliées l'une à l'autre par des boulons dont la tête et l'écrou sont enfoncés dans le bois. Et ce sont ces blocs qui s'appuieront sur le gabarit de madrier pour nous aider à effectuer notre coupe. (Voir fig. 4)

Figure 4

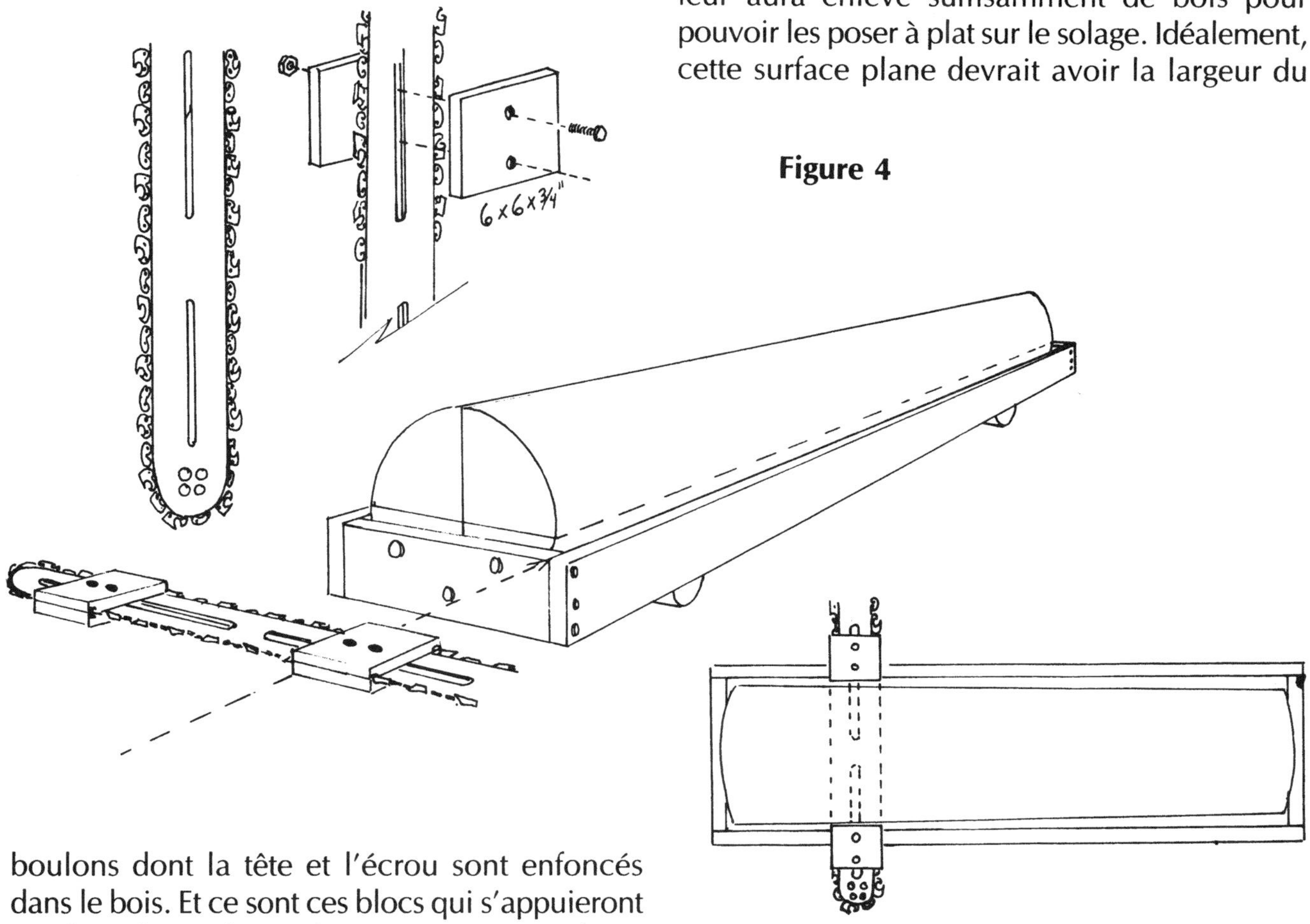

Le montage peut sembler long mais le résultat est surprenant de précision. Cette lame pourra servir à une multitude de tâches. Entre autres, elle remplacera adéquatement le *mini-mill*, petit moulin portatif que nous aurons l'occasion d'étudier au chapitre des portes et fenêtres.

Quelle que soit la méthode employée, nous obtiendrons deux moitiés de billot qui seront les deux premières pièces à être déposées sur le solage. On retrouve les parties refendues à la figure 12; elles sont identifiées par les lettres A et B.

• Billots facés

Les deux pièces suivantes à être placées sur le solage ne proviendront pas d'un seul billot refendu, mais bien de deux billots distincts aplanis sur la face inférieure. C'est-à-dire qu'on leur aura enlevé suffisamment de bois pour pouvoir les poser à plat sur le solage. Idéalement, cette surface plane devrait avoir la largeur du solage et même déborder de celui-ci, pour éviter que l'eau ne vienne s'infiltrer entre la bille et la fondation. Mais si nos deux billots n'ont pas un diamètre largement supérieur à la moyenne des billots employés, il peut être préférable de ne les facer que de 4" (10 cm) et d'utiliser un larmier de métal pour centrer l'écoulement d'eau. (fig. 10 III) Se souvenir que ces billots devront recouvrir les moitiés déjà en place et qu'on devra y laisser suffisamment de bois au-dessus de l'emboîture de coin pour qu'ils puissent à leur tour être recouverts d'une autre bille. (fig. 19)

Méthode d'exécution

Après avoir bien fixé les billots sur un chevalet, on tracera à l'aide d'un niveau, à la plus petite extrémité, une ligne de largeur égale à la surface que l'on veut aplanir. Si l'on prend pour acquis que cette surface a 8″ (20 cm), on mesurera 4″ (10 cm) de chaque côté de la ligne verticale du centre. Voir préparation d'une solive. (fig. 16 I, II, III)

On mesure l'épaisseur du bois à enlever et on reporte cette distance à la plus grande extrémité du billot. De ce point, on trace une nouvelle ligne horizontale. Cette dernière aura probablement plus de 8″, (20 cm) mais cette façon de faire débalance moins la proportion petite extrémité/grande extrémité qu'on retrouvera sur tous nos autres billots. Là aussi, on n'oubliera pas de tracer la ligne de niveau vertical. (fig. 5)

Figure 5

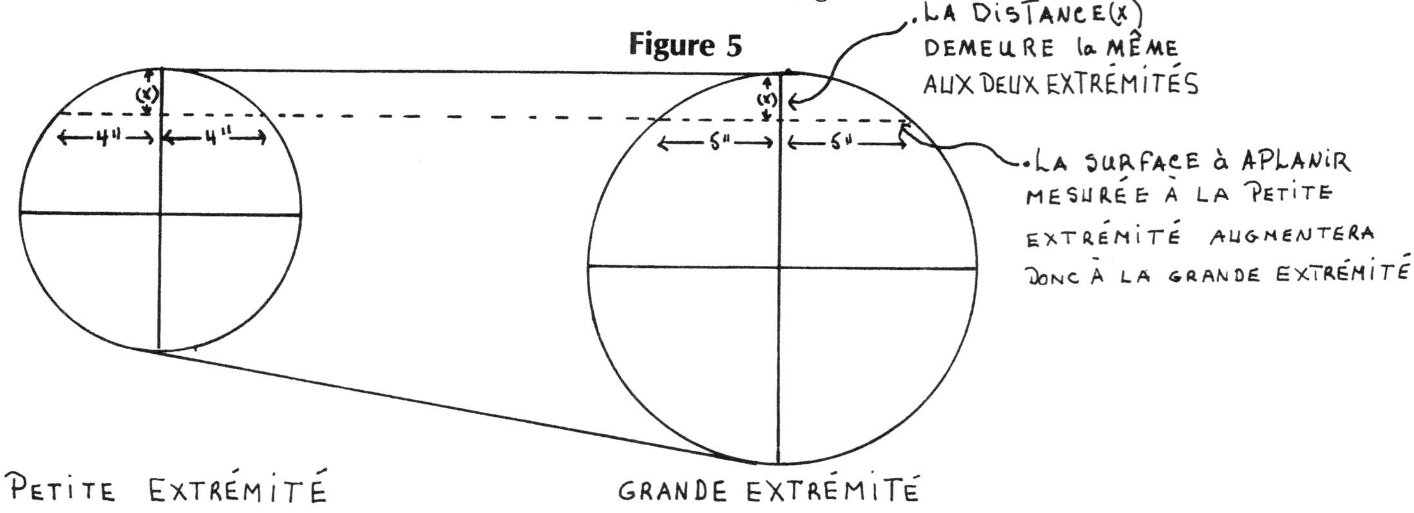

Ces billots ne sont pas facés sur toute leur longueur mais seulement sur la surface portant sur le solage. Si ce dernier a 30 pieds centre en centre (c.c.), les billots employés auront environ 35 pieds (10,7 m) et la surface aplanie devra avoir 30 pieds 8″ (9,34 m) compte tenu de l'épaisseur de la fondation. (fig. 6) On laisse dépasser une longueur de deux pieds non-facés (2′ = 60 cm) à l'extérieur du solage. Le coup d'œil d'ensemble exige cette précaution.

Figure 6

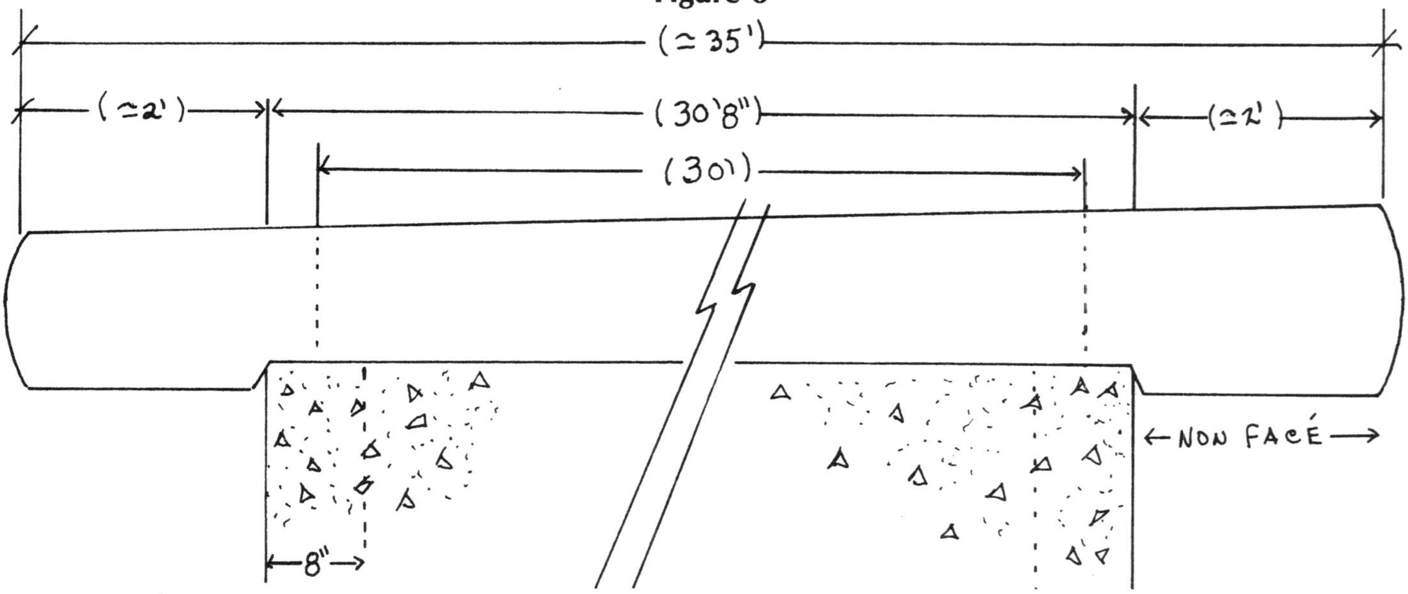

Pour ce faire, on effectue donc deux traits au cordeau en prenant pour point de repère les lignes horizontales tracées aux extrémités.

On pratique des entailles à la scie à chaque 8 ou 10 pouces (20 ou 25 cm). (fig. 7) Ces morceaux peuvent être aisément enlevés à la hache, (fig. 8) puis la surface à aplanir sera brossée à la scie. (fig. 9) Ce brossage est nécessaire pour enlever le surplus de bois laissé par la hache. Il s'effectue par un balayage de droite à gauche en touchant à peine à la surface, employant la scie comme une sableuse à bande. La lame se retrouve à angle droit avec la surface à brosser. Il faudra supporter tout le poids de la scie pour éviter qu'elle ne tronçonne le billot. C'est probablement le seul moment où il n'est pas recommandé d'affûter sa scie. La ligne de cordeau doit toujours demeurer visible.

On devra également accomplir ce travail sur les deux moitiés du billot.

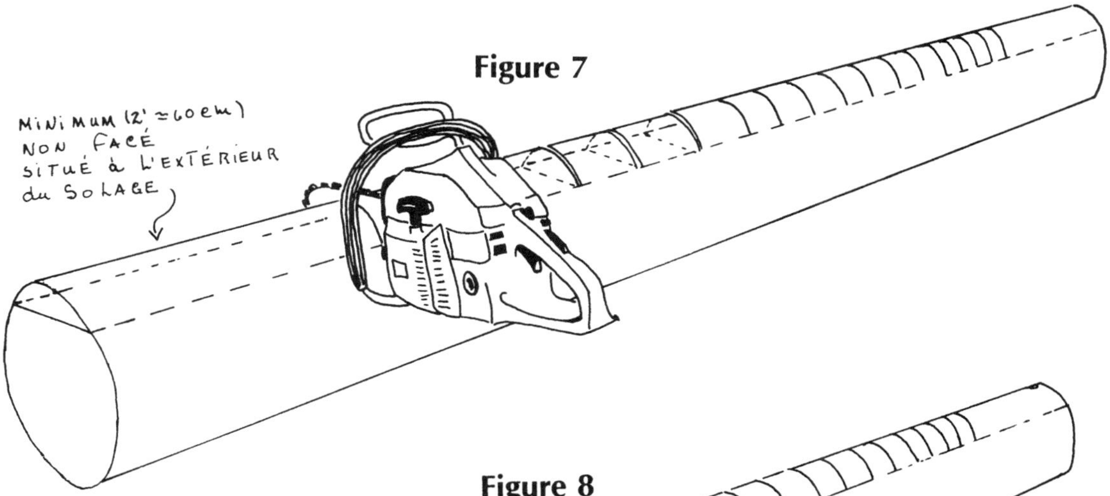

Figure 7

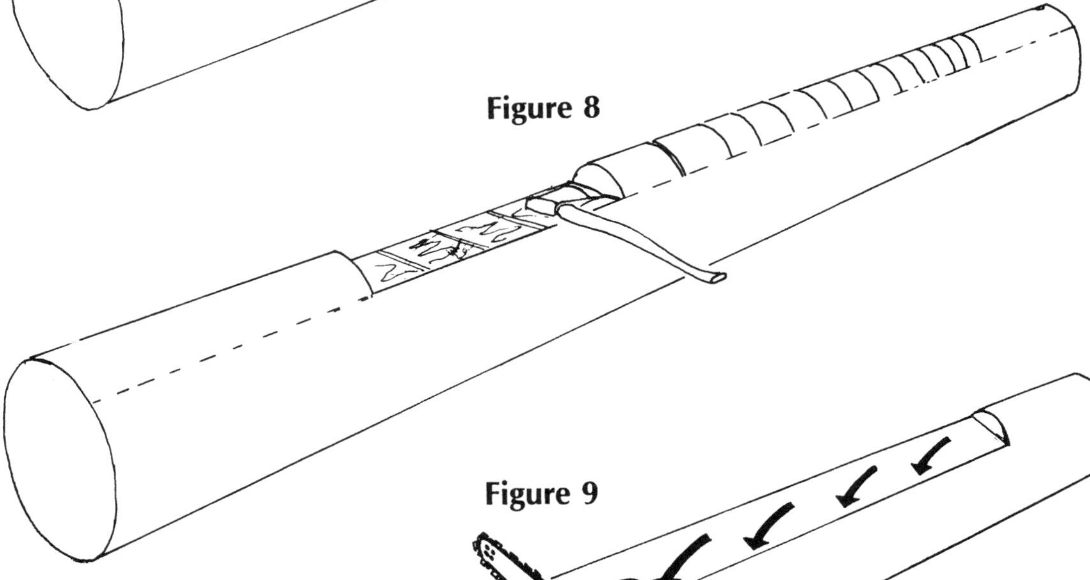

Figure 8

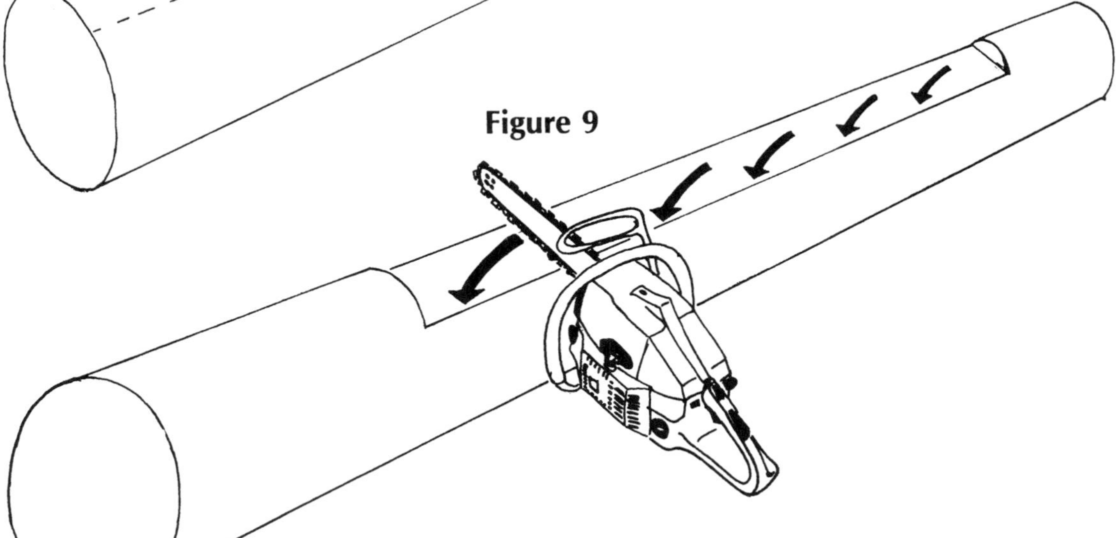

Figure 9

FONDATION

Le livre n'a pas pour but premier de vous expliquer en détail les techniques d'excavation et de coffrage. De nombreux livres ou spécialistes peuvent répondre à toutes vos questions et nous ne ferions que répéter un travail déjà bien fait.

La maison en bois rond, malgré son aspect massif et son poids — plus élevé que la maison à ossature — ne nécessite pas un solage plus épais et renforcé. On n'aura qu'à suivre scrupuleusement les règlements locaux de construction. Si vous demeurez en ville ou en banlieue, il se peut même qu'on vous refuse le droit de construire en bois rond. Informez-vous auprès de l'inspecteur des bâtiments et contestez sa décision s'il le faut.

Pour revenir au solage, si vous décidez de confier ce travail à une entreprise spécialisée, décidez dès maintenant du type d'assise, du plancher, du rez-de-chaussée. (fig. 10, I, II, III, IV) Et rappelez-vous que, pour des raisons d'ordre pratique, les mesures, dans une construction en bois rond, sont toujours prises à partir du centre du billot. Aussi, lorsqu'il est question d'une maison de 30 X 30, on parle du centre

Figure 10

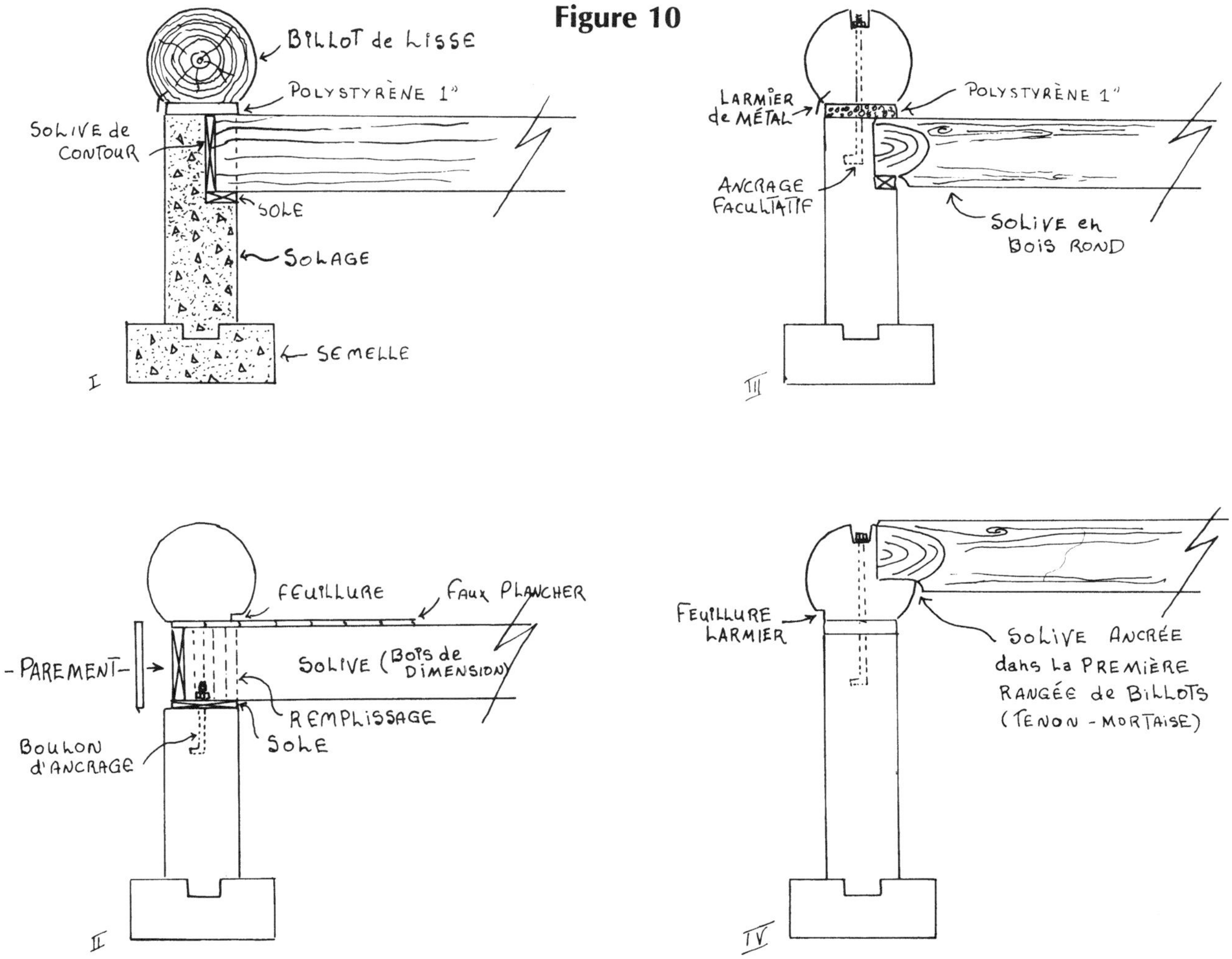

du solage. Celui-ci, s'il a huit pouces (8") (20 cm) d'épaisseur, aura 30' 4" (9,24 m) à l'extérieur et 29' 8" (9,04 m) à l'intérieur.

Tout ce travail d'excavation, coffrage et plancher peut être exécuté pendant que vous montez votre carré. En effet, bon nombre de contracteurs en bois rond préfèrent construire leur maison sur un site industriel, quitte à la démanteler et la déménager par la suite. Ce qui ne pose pas un gros problème, la construction en bois rond étant un jeu d'assemblage de pièces ne comportant aucun clou. Cette pratique se justifie d'autant plus si le terrain — où est destinée la maison — est en pente, exigu ou parsemé d'arbres.

N'hésitez donc pas, si tel est votre cas, à louer un vaste emplacement où vous pourrez à loisir, écorcer vos billots, les espacer les uns à côté des autres pour mieux les choisir et bâtir votre toit par terre un peu plus loin. On pourra également y déplacer de la machinerie avec facilité.

• Nivellement hors site (fig. 11)

La maison n'étant pas montée sur son solage, on devra délimiter le carré en posant à chaque coin, une bûche. L'instrument idéal pour ce faire est une *lunette à niveau*. Elle servira, à la fois, à trouver facilement les angles de 90° et le niveau de notre solage de fortune. Si cet instrument fait défaut, on pourra employer un boyau d'arrosage transparent qu'on remplira d'eau, se servant du principe qui veut que l'eau soit toujours de niveau. Pour vérifier si les coins ont bien 90°, on utilise une propriété du triangle rectangle (le théorème de Pythagore) qui dit que la somme des deux côtés F et G au carré,

Figure 11

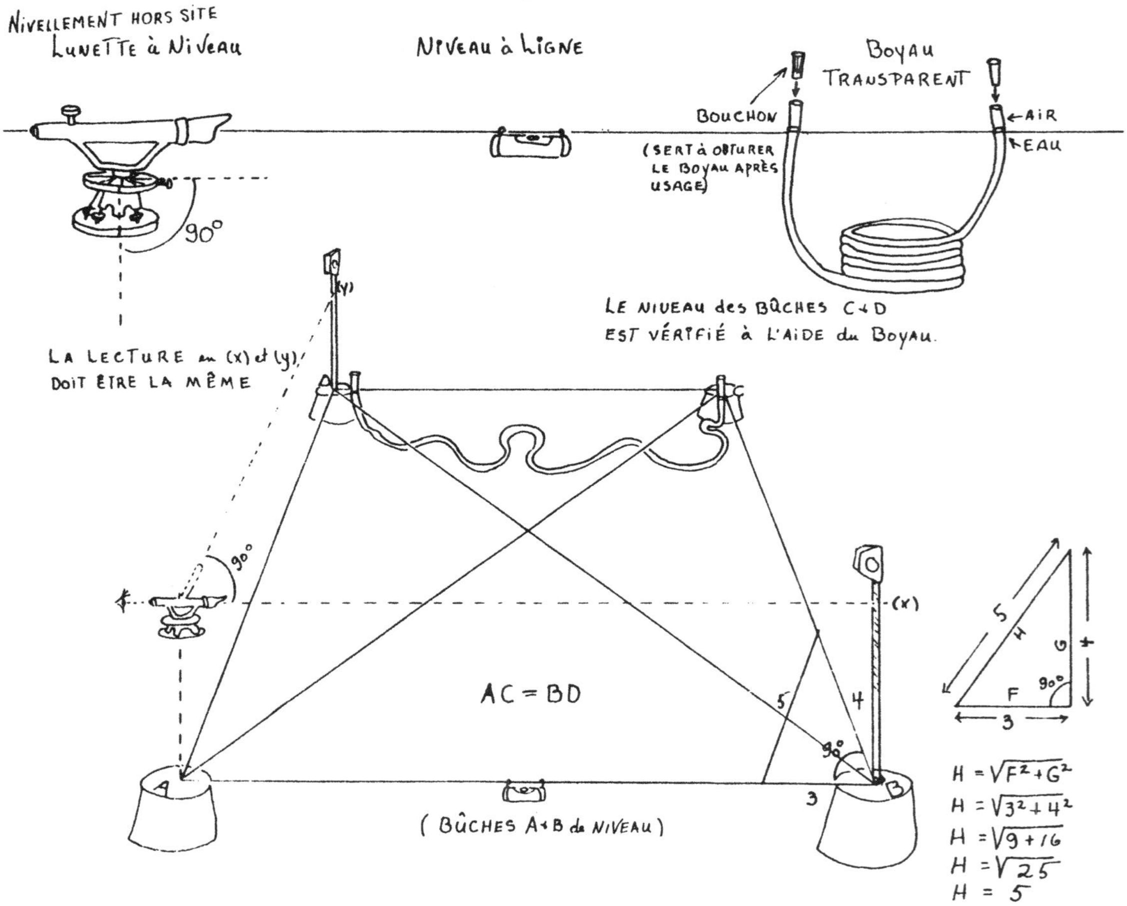

formant l'angle droit, est égale à l'hypothénuse H au carré. Les constructeurs ont simplifié ce théorème depuis fort longtemps, ils emploient la formule (3, 4, 5), ou l'un de ses multiples (6, 8, 10) ou (12, 16, 20), qui signifie que si les côtés ont respectivement 3′ et 4′, l'hypothénuse aura 5′. ($3^2 + 4^2 = 5^2$ i.e. $9 + 16 = 25$ et l'hypothénuse $= \sqrt{25} = 5$) Une dernière vérification des diagonales A C = B D nous permet de tirer le trait carré et de vérifier que les quatre coins ont bien 90°.

• Mise en place de la première rangée (fig. 12)

Les bûches sont bien en place aux quatre coins, et approximativement de niveau; on y dépose les deux premières pièces refendues ou moitiés de billot A et B, les deux plus grandes extrémités du même côté. À l'aide de larges coins, préalablement découpés et que l'on garde à portée de la main pour cette occasion, on corrige le niveau de la sous-face des pièces. On se sert des lignes de niveau des extrémités pour tirer un trait au cordeau au centre des billots. C'est à l'aide de ces lignes que l'on refait le trait carré. Il est bon de fixer solidement ces pièces aux bûches.

On installe transversalement, sur les deux pièces refendues, les billots facés C et D, grandes extrémités du même côté. On se sert également des lignes de niveau, tracées aux extrémités des billots, pour centrer ceux-ci.

• Emboîture cachée

Description

Il n'y a pas si longtemps, la pose de la première rangée posait tout un problème. Les billes étant emboîtées à mi-bois dans les coins, il se produisait alors une ouverture entre le solage et les billes chevauchant les billots de lisse. On bouchait habituellement le tout à l'aide de ciment, ou mieux encore on élaborait un solage compliqué, à étage, qui tenait compte de ce problème inhérent au bois rond.

Jusqu'à ce qu'un jour, un constructeur plus déluré, décida de commencer son carré avec deux moitiés de billot qu'il pouvait asseoir solidement sur la fondation.

Figure 12

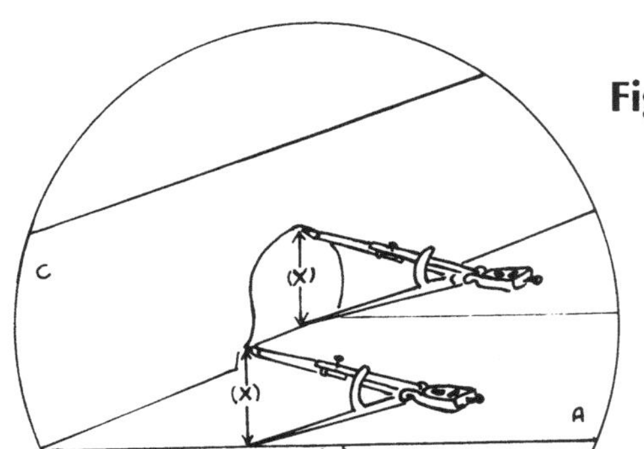

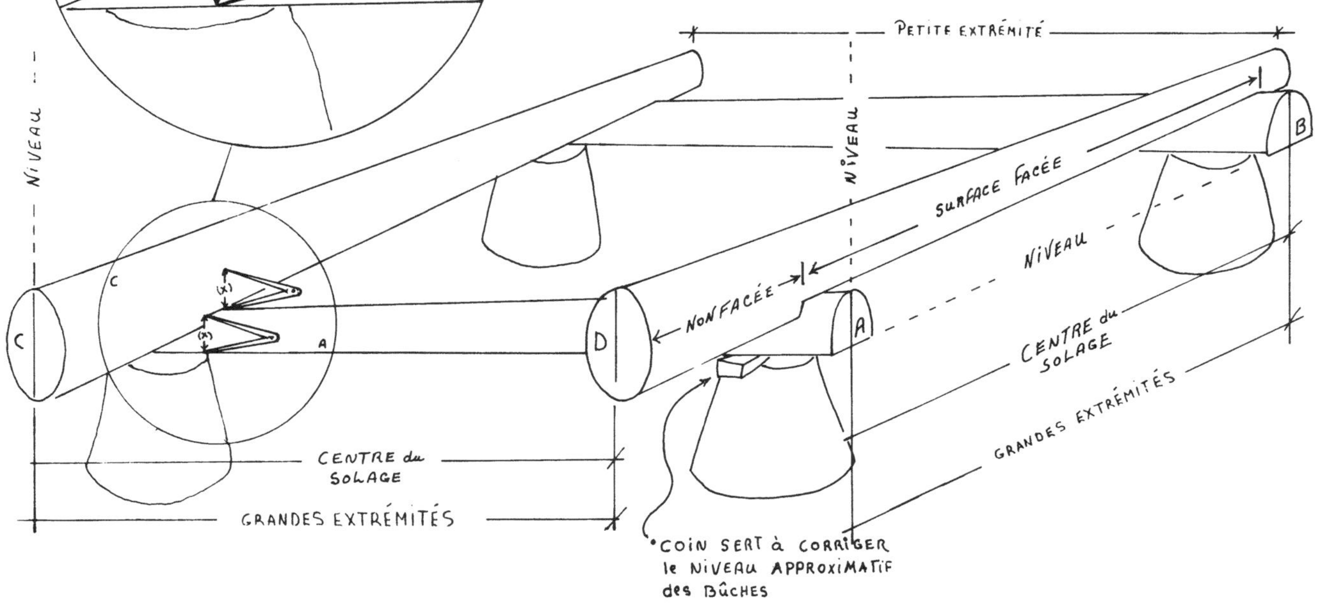

Le problème d'ordre pratique réglé, commença alors la phase de raffinement. Esthétiquement, cette demi-bille qui dépassait à l'extérieur du solage tranchait avec l'ensemble de la bâtisse. On décida de la faire disparaître en la coupant à ras le solage. Il y avait amélioration, mais le résultat laissait à désirer.

On imagina alors de cacher cette coupe trop apparente, en tronçonnant la demi-bille à la ligne médiane du solage et non pas à l'extérieur de celui-ci.

On n'avait plus qu'à la recouvrir d'une demi-emboîture et le tour était joué. Première à être exécutée, l'emboîture cachée n'est pas pour autant la plus facile. Aussi suggérons-nous au débutant de lire attentivement le chapitre consacré à l'emboîture ronde avant de se lancer dans cette aventure et autant que possible de s'exercer auparavant sur du bois de rebut.

Figure 13

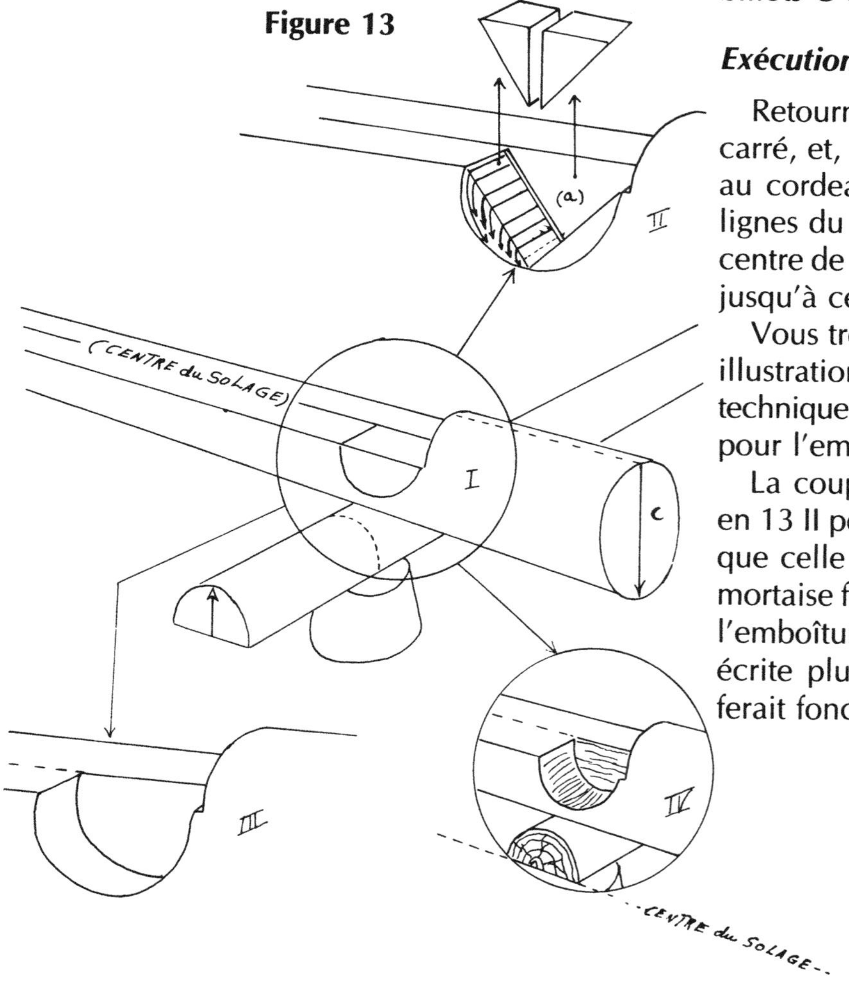

Tracé

Ici pas question d'emboîture préliminaire. On doit immédiatement accomplir le tracé final au compas.

On mesure la distance (x) séparant la surface facée en C de la surface refendue en A. (fig. 12) On reporte cette distance (x) sur le compas et on dessine le contour exact du billot inférieur sur le billot supérieur. (Voir description et utilisation du compas à niveau)

On refait cette opération dans les trois autres coins intérieurs, en n'oubliant pas de calculer à chaque fois l'ouverture du compas.

Il est inutile de tracer l'emboîture à l'extérieur des billots C et D, car les moitiés de billes A et B seront tronçonnées après coup à la ligne médiane du solage. (fig. 13 IV) Ne les coupez surtout pas avant d'avoir dessiné les emboîtures, il serait trop difficile de faire tenir en place les billots C et D durant le tracé.

Exécution

Retournez les billots facés vers le centre du carré, et, si ce n'est déjà fait, tracez une ligne au cordeau sur la face inférieure à partir des lignes du centre de chaque extrémité. C'est le centre de votre solage. Creusez vos emboîtures jusqu'à cette ligne médiane.

Vous trouverez à la figure 13 I, II, III, IV une illustration détaillée de la marche à suivre. La technique d'évidage tient à la fois de celle utilisée pour l'emboîture ronde et l'emboîture barrée.

La coupe en plongée qu'on devra exécuter en 13 II pour obtenir la surface (A) est la même que celle décrite au chapitre suivant, (section mortaise fig. 18) ainsi qu'au chapitre traitant de l'emboîture barrée. (fig. 65) Une explication écrite plus avant nous semble prématurée et ferait fonction de double emploi.

PLANCHER DU REZ-DE-CHAUSSÉE

Comme on a pu le constater aux illustrations précédentes, (fig. 10) il existe plusieurs façons de construire le premier plancher. Nous nous limiterons à l'étude de la toute dernière (fig. 10 IV); la seule qui diffère passablement des techniques employées par les menuisiers.

• Poutre centrale

Il faudra probablement prévoir une poutre centrale (C), qui viendra s'ajouter aux deux billots facés A et B, pour recevoir les solives et diviser en deux l'effort qu'elles auront à soutenir. Pour fixer cette poutre en place, on utilise habituellement une emboîture barrée (fig. 14, fig. 65). Vous trouverez une description complète de ce type de «jointage» dans un chapitre subséquent.

Si on construit hors site, il sera prudent d'ajouter des bûches de support sous cette pièce de bois.

La poutre n'a nul besoin d'être facée, si ce n'est une ou deux surfaces planes pour recevoir les poteaux de support qu'on ne manquera pas d'ajouter à l'intérieur du solage. L'espacement de ces poteaux peut être calculé à l'aide du tableau que vous trouverez à la fin du chapitre.

Figure 14

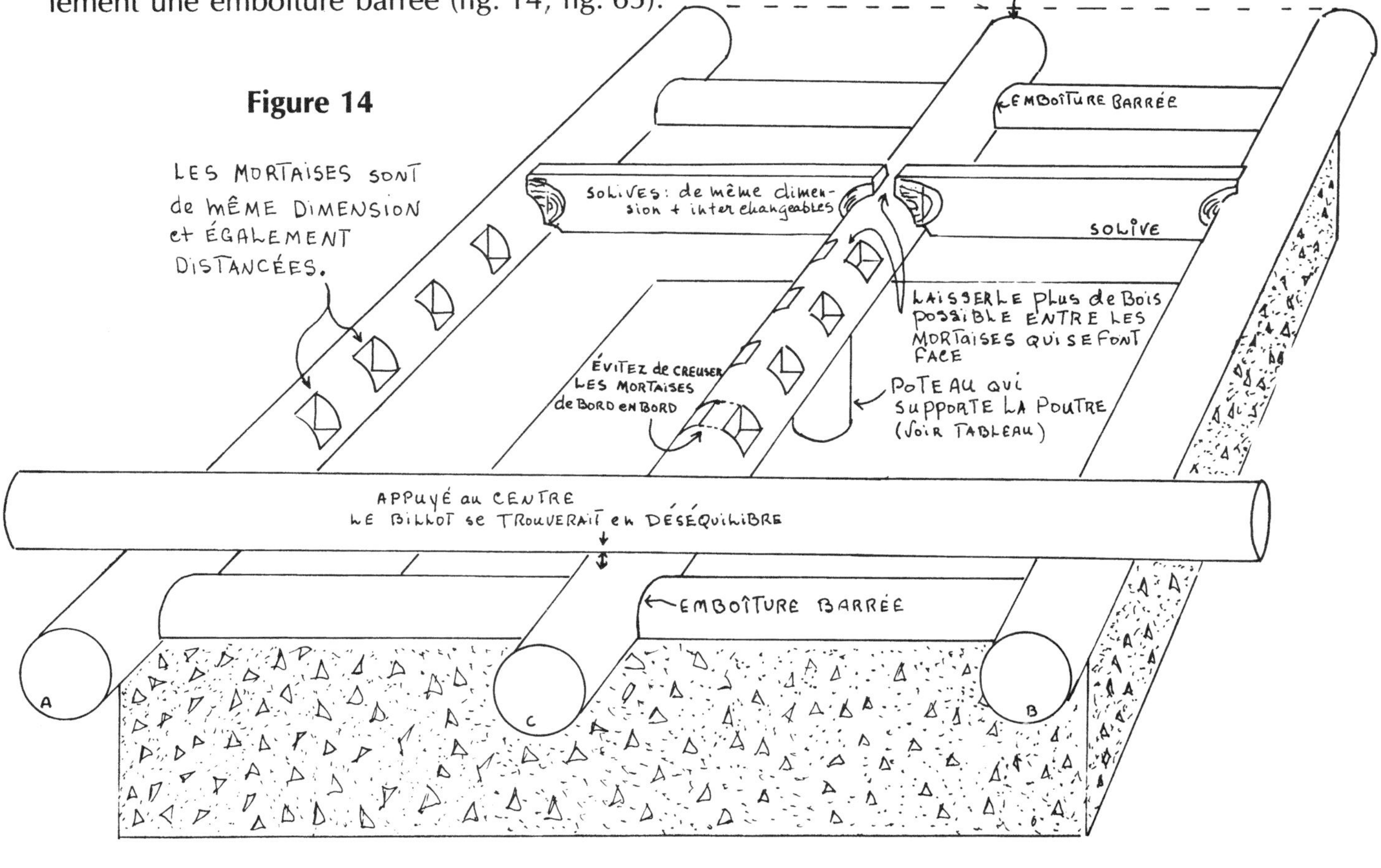

La surface supérieure de cette bille devrait se situer légèrement plus bas que celle des deux billes facées, pour faciliter la pose de la prochaine bille transversale. On empêche ainsi que cette dernière porte en son centre et augmente la difficulté du tracé au compas. (fig. 14)

• Siège des solives (fig. 15)

À l'aide d'un boyau transparent ou de tout autre instrument permettant de trouver le niveau, on trace au cordeau une ligne qui nous servira de repère pour creuser un siège aux solives. Cette ligne devra se situer au centre du billot ou légèrement au-dessus.

La surface porteuse devra avoir au moins trois pouces (3″ ou 7,5 cm) de profondeur. Elle peut être exécutée d'une seule coupe. Elle ressemblera alors à une marche d'escalier ou sera faite d'une série de mortaises, également espacées et de même dimension.

Nous étudierons cette dernière solution après description complète des solives.

Figure 15

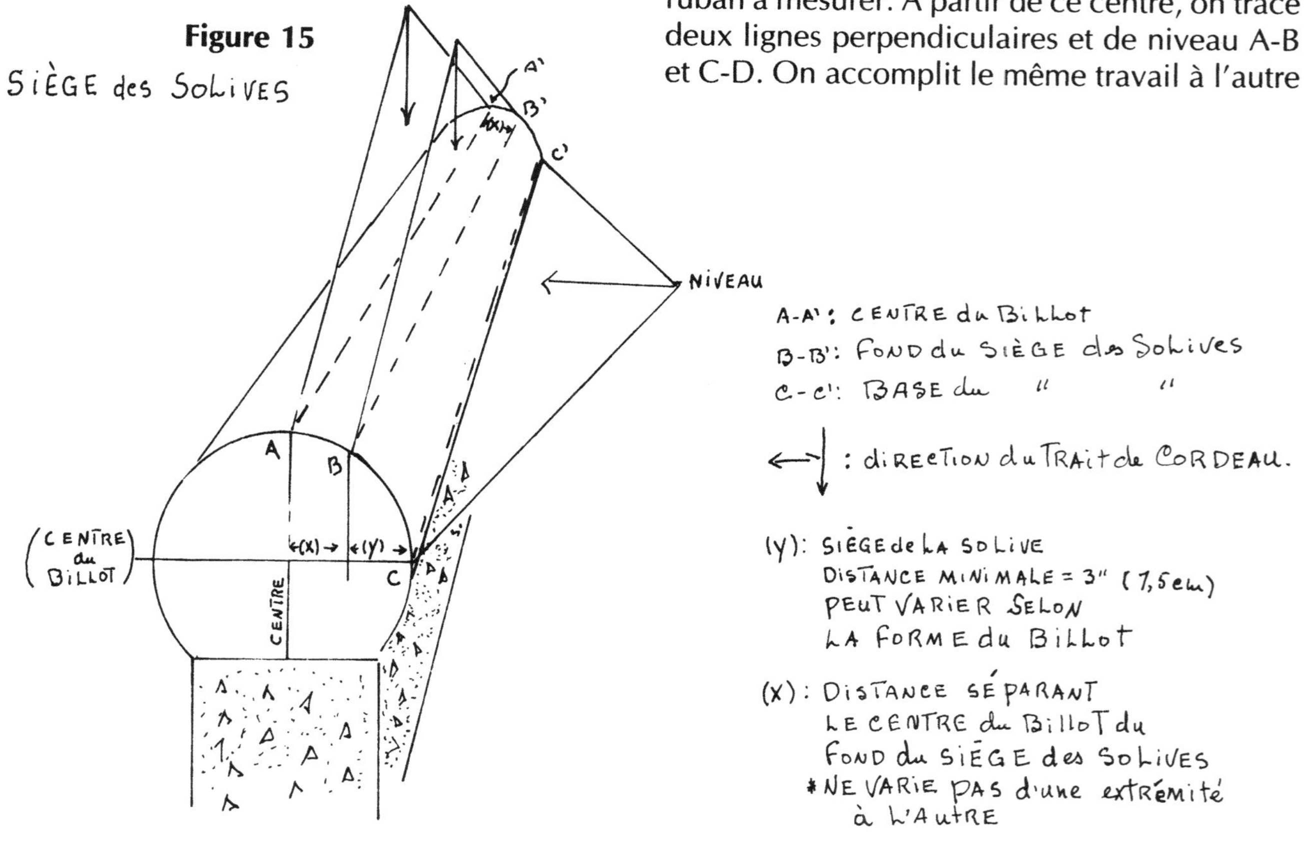

• Solives

Les solives sont de courtes pièces de bois qui viennent s'intercaler entre la poutre centrale et les premiers billots du mur, à angle droit avec ceux-ci. Elles peuvent être équarries sur toute leur longueur ou simplement aux extrémités et aplanies sur la surface supérieure.

Toutes les solives, quel que soit le type choisi, devraient avoir la même dimension, une fois équarries, et être interchangeables. Il est donc bon de sélectionner dès le début tous les billots qui serviront à leur fabrication. La plus petite des billes commande habituellement la dimension de toutes les autres, tout spécialement lorsqu'il s'agit de solives équarries sur toute la longueur.

Ces dernières peuvent être travaillées à la scie à chaîne ou à la hache à équarrir.

Le travail de préparation à accomplir ressemble à celui que nous avons effectué pour la fabrication des premières billes du carré.

La pièce fixée sur un chevalet, on en détermine le centre à sa plus petite extrémité à l'aide d'un ruban à mesurer. À partir de ce centre, on trace deux lignes perpendiculaires et de niveau A-B et C-D. On accomplit le même travail à l'autre extrémité. Ces lignes sont des points de repère et toutes les mesures sont prises à partir d'elles.

À l'aide d'un niveau, on trace E-F parallèle à A-B, à une distance choisie (x). On reporte cette même distance (x) sous la ligne A-B et on trace G-H. On dessine maintenant E-G et F-H parallèle à C-D, la distance choisie (x) demeurant la même si l'on veut une pièce parfaitement carrée.

On reproduit ce carré à l'autre extrémité du billot (fig. 16 I).

Étant donné que nous avons commencé par la plus petite extrémité de la plus petite bille, il ne devrait y avoir aucune difficulté à reproduire le carré E F G H sur toutes les autres pièces.

On tire un trait au cordeau de haut en bas en E-E' et F-F'. On tourne la bille sur place, de 180° et on tire deux nouveaux traits, G-G' et H-H' (fig. 16 II). On aplanit les surfaces formant les rectangles F-F'–H-H' et G-G'–E-E'.

Attendre que ces deux premières surfaces soient terminées avant de tirer un trait au cordeau pour les autres surfaces. Se souvenir qu'il est indispensable de toujours tirer le cordeau dans la même direction que l'angle de coupe. (fig. 16 III)

Figure 16

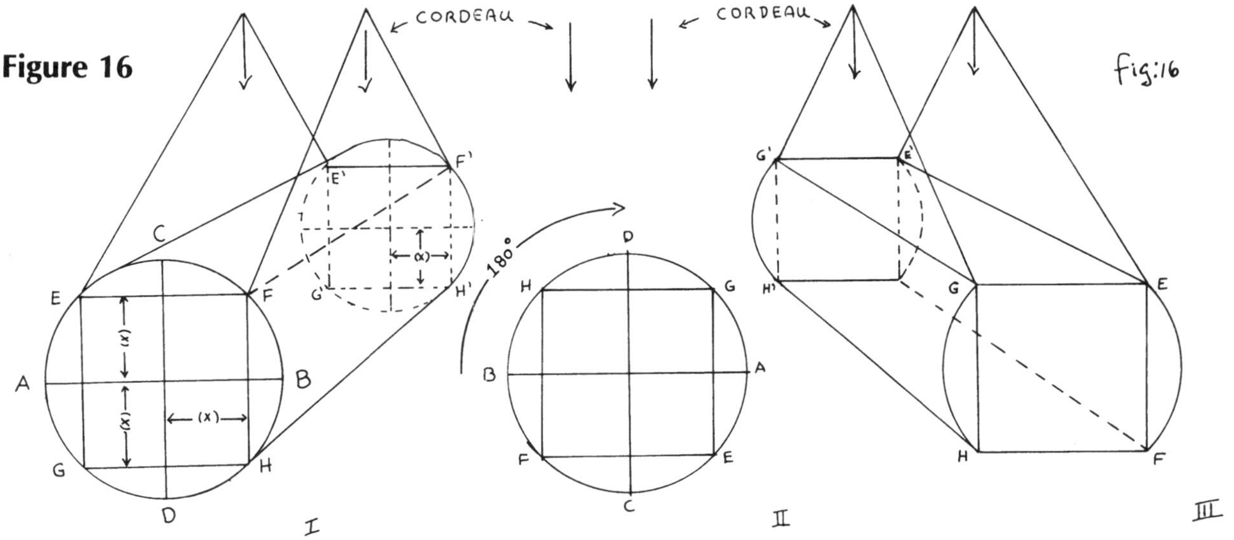

Mais il est rarement nécessaire d'équarrir tout le billot pour fabriquer une solive. Il suffit de fabriquer deux tenons aux extrémités et une surface de clouage d'au moins deux pouces (2" = 5 cm) de largeur sur la partie supérieure de la bille. Cette façon de faire accélère le travail, permet de conserver une plus grande quantité de bois à la solive et à ses tenons, les renforce d'autant et nous laisse un plus grand choix des billots.

La technique de préparation est la même que celle employée pour équarrir une pièce sur ses quatre faces. Mais seule, la surface supérieure est aplanie selon les méthodes déjà connues. Le reste du tenon s'exécute rapidement et facilement d'un seul trait de scie sur chacune des trois autres surfaces.

Une coupe en biseau, à la hache, sur les côtés, rehausse le coup d'œil et finit le travail. (fig. 17)

Figure 17

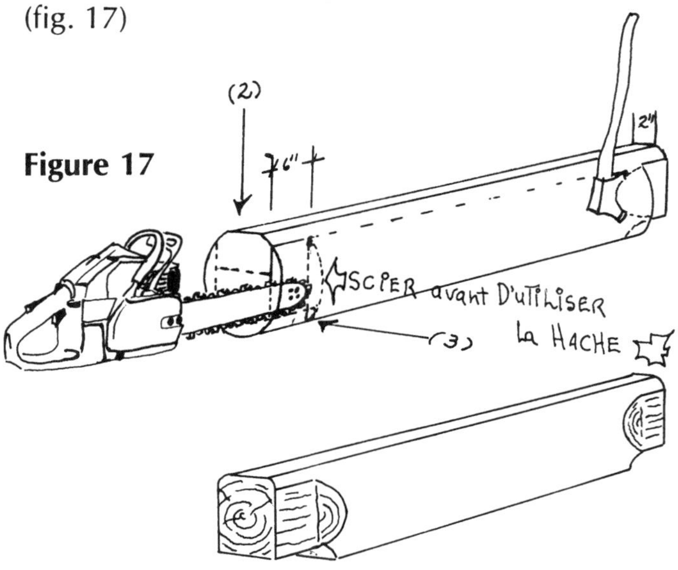

Un tenon de six pouces de long (6″ = 15 cm) est plus que suffisant pour les mortaises de trois pouces. (3″ = 7,5 cm)

• Mortaise

Pour exécuter ce travail, on effectue trois traits de scie principaux en A, B et C. (fig. 18)

La coupe en plongée en A demande une dextérité qui ne s'acquiert qu'à l'usage. Tenir fermement la scie et enfoncer celle-ci sans précipitation et sans relâcher la commande d'arrivée de l'essence. Une coupe hésitante occasionne habituellement un recul de la scie, manœuvre qui peut être très dangereuse. Se tenir de côté et non derrière la scie, pour parer à toute éventualité.

On effectue ensuite une série de traits successifs et parallèles. Ne pas dépasser la ligne de cordeau. Cette dentelle se brisera facilement. On vide la mortaise au ciseau à bois ou au doloire. La base de la mortaise devrait être parfaitement de niveau.

Bien que cela puisse sembler plus facile, il faut éviter de creuser de bord en bord (fig. 14), car la poutre s'en trouverait affaiblie inutilement.

Figure 18

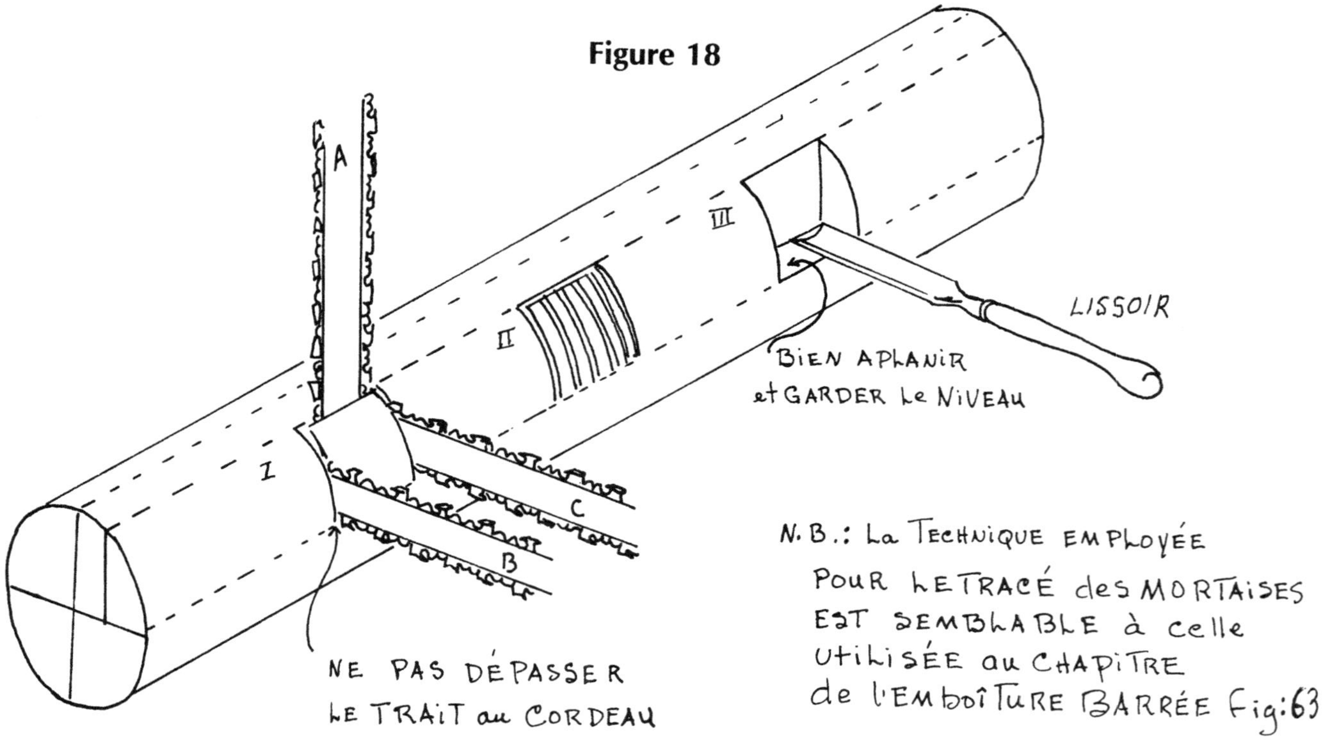

CALCUL DE DIMENSION

• Calcul de la dimension des solives et de la poutre centrale

Diamètre des solives

Le diamètre d'une solive varie selon sa longueur, l'espacement entre chacune d'entre elles, et la charge par pied carré de plancher qu'elle doit supporter. Cette charge est le poids combiné de la charge vivante (meubles, occupants...), de son propre poids, ainsi que de toute partie de la structure soutenue par elle.

La charge vivante pourra varier d'une pièce à l'autre, ou d'une bâtisse à l'autre selon l'utilisation qu'on en fait. Aussi pour plus de sécurité, dans les tableaux qui suivent, la plus petite charge inscrite (50 lbs au pied carré) correspond à la charge requise pour la pièce centrale d'une maison selon le code de la construction (40 lbs de charge vivante + 10 lbs de poids mort).

Ces tableaux, ainsi que ceux que vous retrouverez à la section Calcul des diamètres des membrures d'une ferme de toit sont l'œuvre de Guy Massicotte de l'Auto Université du Village PALE, lac Édouard, Québec, G0A 2G0.

Notons immédiatement que le diamètre indiqué est le diamètre moyen des billots, que ce soit pour une solive ou la poutre centrale. Un billot de 10" à la petite extrémité et de 14" à la grande extrémité aura un diamètre moyen de 12". Ces calculs tiennent également compte du fait que les billots soient équarris aux extrémités et facés sur le dessus. Pour une utilisation facile et rapide, la présentation des calculs de M. Massicotte a été faite en petits tableaux se référant à la charge. La première série de tableaux, traitant de la dimension des solives, comporte quatre unités de charges variant de 50 à 80 lbs.

À gauche du tableau, vous trouvez la partie des solives, i.e. leur longueur, variant de 8 à 12'. Au-dessus, on y indique l'espacement, i.e. la distance entre chacune d'elles, variant de 2 à 5'. À l'intersection des deux colonnes, horizontale et verticale, on retrouve le diamètre moyen de la solive.

Pour une charge de 50 lbs au pied carré

PORTÉE D'UNE SOLIVE (pi. lin.)	ESPACEMENT ENTRE LES SOLIVES (pi. lin.) 2	3	4	5
	DIAMÈTRE MOYEN DES SOLIVES (pouces)			
8	5	6	7	7
12	7	8	8	9
16	8	9	10	11
20	9	11	12	12

Pour une charge de 60 lbs au pied carré

PORTÉE D'UNE SOLIVE (pi. lin.)	ESPACEMENT ENTRE LES SOLIVES (pi. lin.) 2	3	4	5
	DIAMÈTRE MOYEN DES SOLIVES (pouces)			
8	6	6	7	7
12	7	8	9	10
16	9	10	11	11
20	10	11	12	13

Pour une charge de 70 lbs au pied carré

PORTÉE D'UNE SOLIVE (pi. lin.)	ESPACEMENT ENTRE LES SOLIVES (pi. lin.) 2	3	4	5
	DIAMÈTRE MOYEN DES SOLIVES (pouces)			
8	6	7	7	8
12	7	9	9	10
16	9	10	11	12
20	10	12	13	14

Pour une charge de 80 lbs au pied carré

PORTÉE D'UNE SOLIVE (pi. lin.)	ESPACEMENT ENTRE LES SOLIVES (pi. lin.) 2	3	4	5
	DIAMÈTRE MOYEN DES SOLIVES (pouces)			
8	6	7	8	8
12	8	9	10	10
16	9	11	12	13
20	11	12	13	14

Prenons l'exemple d'un carré de 24" × 32" et référons-nous à l'image de la figure 14. On y voit que si une poutre est placée au centre du carré, la portée des solives sera diminuée de moitié. Dans le cas présent, si la poutre centrale a 32 pieds, les solives auront 12'. Espaçons ces solives de 4' pour recevoir un revêtement de plancher en madrier de (2" × 6") bouveté.

Pour une charge de 50 lbs au pied carré, (premier tableau) le diamètre moyen de la solive sera de 8 pouces. Si la charge était de 60 lbs, (deuxième tableau) le diamètre serait de 9". Vérifiez avec des charges de 70 et 80 lbs. Refaites la même démarche avec un carré de 30' × 30' ayant une poutre centrale donc des solives de 15', situées de 4 pieds c.c.

Diamètre de la poutre centrale

Pour calculer le diamètre de la poutre centrale, nous vous offrons une seconde série de quatre tableaux, où la charge varie toujours de 50 à 80 lbs.

À gauche de ces tableaux, on trouve la portée de la poutre, variant de 16 à 40′ (pi. lin.) sans le support d'aucun poteau. La portée d'une poutre étant toujours calculée d'un poteau ou d'un support à l'autre.

Au-dessus du tableau, on a inscrit la portée des solives. Comme on peut le voir à la figure 14, la solive s'appuie à la fois sur le solage et la poutre centrale. Cette dernière ne supporte donc que la moitié de l'effort de chacune des solives. L'autre moitié étant supportée par le solage de chaque côté. L'espacement sur lequel se calcule la charge supportée par la poutre équivaut donc à la somme de la moitié de deux solives se faisant face ou à une seule d'entre elles si la poutre est centrale.

De la même façon que pour les tableaux précédents, c'est à la rencontre des deux colonnes horizontale et verticale que vous trouverez le diamètre moyen de la poutre.

Pour une charge de 50 lbs au pied carré

	PORTÉE DES SOLIVES (pi. lin.)			
	8	12	16	20
PORTÉE DE LA POUTRE (pi. lin.)	DIAMÈTRE MOYEN DE LA POUTRE (pouces)			
16	13	14	16	17
20	14	16	18	19
24	16	19	20	22
28	18	20	22	24
32	20	22	25	26
36	21	24	27	29
40	23	26	28	31

Pour une charge de 60 lbs au pied carré

	PORTÉE DES SOLIVES (pi. lin.)			
	8	12	16	20
PORTÉE DE LA POUTRE (pi. lin.)	DIAMÈTRE MOYEN DE LA POUTRE (pouces)			
16	13	15	17	18
20	15	17	19	21
24	17	20	22	23
28	19	22	24	26
32	21	24	26	28
36	22	26	28	30
40	24	27	30	32

Pour une charge de 70 lbs au pied carré

	PORTÉE DES SOLIVES (pi. lin.)			
	8	12	16	20
PORTÉE DE LA POUTRE (pi. lin.)	DIAMÈTRE MOYEN DE LA POUTRE (pouces)			
16	13	16	17	19
20	14	18	20	22
24	18	21	23	24
28	20	23	25	27
32	22	25	27	29
36	24	27	30	32
40	25	29	32	34

Pour une charge de 80 lbs au pied carré

	PORTÉE DES SOLIVES (pi. lin.)			
	8	12	16	20
PORTÉE DE LA POUTRE (pi. lin.)	DIAMÈTRE MOYEN DE LA POUTRE (pouces)			
16	15	17	18	20
20	17	19	21	23
24	19	22	24	26
28	21	24	26	28
32	23	26	29	31
36	25	28	31	33
40	26	30	33	36

Reprenons l'exemple du carré 24 × 32 où la poutre de 32 pieds est située au centre de la maison et supporte des solives de 12 pieds. Si nous nous reportons au premier tableau où la charge est de 50 lbs au pied carré, le diamètre moyen de la poutre centrale sera de 22 pouces. Mais si on supporte la poutre en son centre, on divisera ainsi sa portée par deux et on obtiendra 16 pieds; pour une telle portée le diamètre requis n'est plus que de 14 pouces.

Le même exercice pour une charge de 60 lbs nous donne des diamètres respectifs de 24″ et 15″.

CONSTRUCTION DES MURS

C'est ici que débute réellement l'apprentissage de la technique, dite scandinave. Ce qui la différencie avant tout de celle qu'employaient nos pères dans la construction de chantiers, c'est que les billots sont bouvetés sur toute leur longueur et non pas seulement dans les coins. On évite ainsi la corvée d'étoupage et de réétoupage, qui devait se faire à mesure que le carré séchait. Dans ce type de construction, les billes étaient souvent clouées aux montants des portes et fenêtres; nous verrons dans le chapitre consacré aux ouvertures que cette façon de faire ne tenait pas compte des propriétés naturelles du bois qui veulent que le diamètre d'un billot diminue pendant sa période de séchage, ce qui provoquait immanquablement des interstices entre les billes, nous laissant voir le jour et pénétrer le froid. La technique scandinave a réponse à tout ça et à beaucoup plus. Aux qualités d'étanchéité et d'isolation que nous offre le bouvetage latéral, ajoutons immédiatement celle d'une solidité à toute épreuve, prête à défier les siècles.

Les murs semblent ne faire qu'un, et leur aspect si naturel nous porte à nous demander s'ils n'ont pas poussé tels quels.

Vous trouverez une multitude d'autres avantages lors de votre lecture, mais pour l'instant il nous faut choisir nos billots et débuter la construction des murs.

• Choix des billots

Nous devons sans cesse nous rappeler qu'un billot est plus petit à une extrémité qu'à l'autre. Cette particularité nous obligera à inverser les billots à chaque rang afin que le carré soit de niveau à tous les deux ou quatre rangs. (fig. 19)

Figure 19

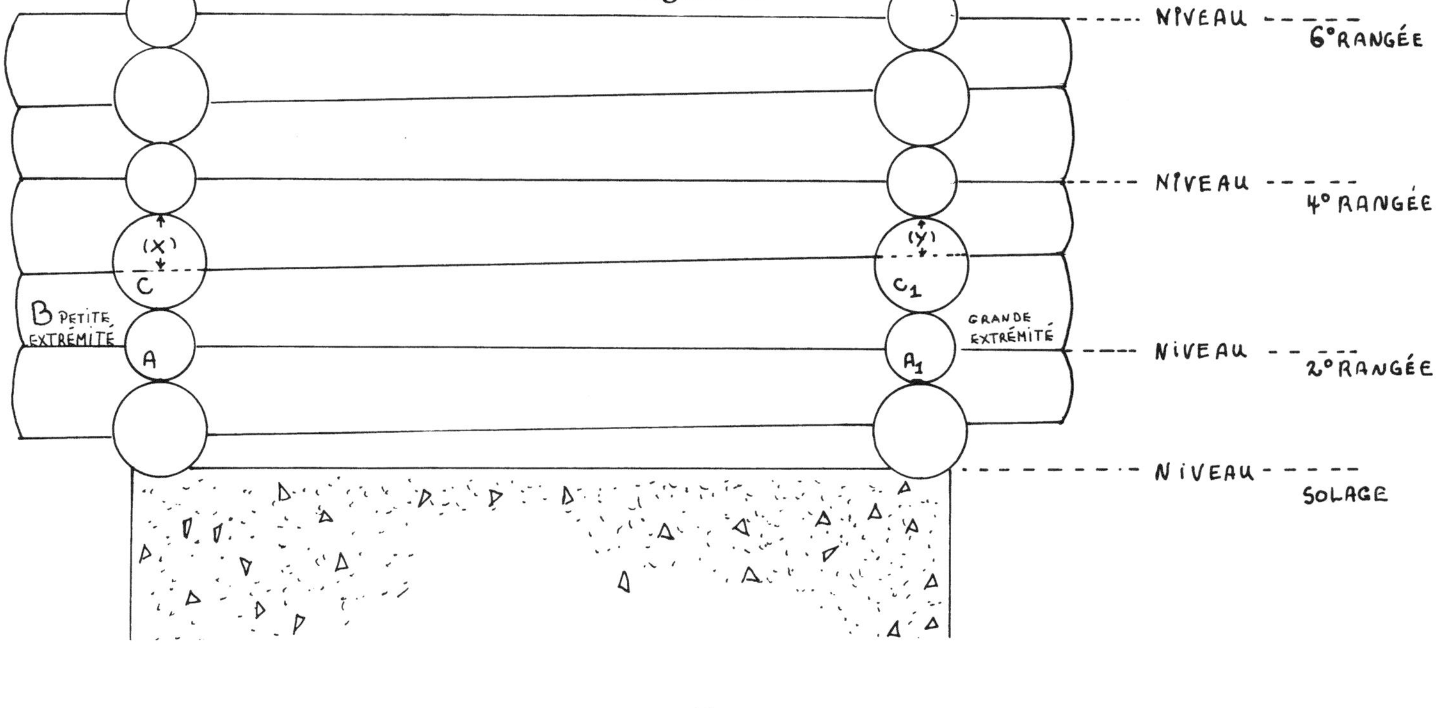

Il est évident que notre choix se trouverait simplifié si tous les billots avaient la même dimension. Mais tel n'est pas le cas. Dans votre pile, vous en trouverez de toutes les formes dont certaines, beaucoup plus comiques que d'autres. Mais cette disparité, pour la plupart du temps un casse-tête, peut vous être utile.

Vous pouvez remarquer (fig. 19) que les fins des billots A et A^1 sont recouvertes respectivement par la petite extrémité du billot B en A et sa grande extrémité en A^1. Ce même billot B est à son tour recouvert par deux grandes extrémités C et C^1. C recouvrira moins de bois que C^1 et la portion de bois laissée en (x) après emboîture sera différente de celle laissée en (y).

Il faudra donc tenir compte de la quantité de bois laissée à chaque rangée pour pouvoir choisir adéquatement le billot qui la recouvrira. Il faudra également, comme un bon joueur d'échecs, prévoir pour quelques rangées à venir. Et c'est là tout le plaisir de la construction en bois rond, rien n'y est routinier, uniforme ou standard; la disparité du matériau est un défi de tout instant et sa beauté, un enchantement sans cesse renouvelé.

• Emboîture ronde (*natche* ronde)

Quelle que soit la hauteur où l'on est rendu sur le carré, la technique d'assemblage demeure la même. Aussi avons-nous décidé de sauter la pose de la première rangée, celle-ci ne comportant pas de bouvetage latéral à l'extérieur du carré.

Le billot à bouveter doit être placé, dès maintenant, à l'endroit où il reposera finalement. Pour contrer son instabilité coutumière, on l'immobilisera, à l'aide de petits coins de bois qu'on placera de chaque côté de la bille. Il est bon de les fabriquer à la douzaine et d'en placer à chaque coin du bâtiment, ce qui nous évitera d'être toujours à la recherche d'un morceau de bois suffisamment petit pour ne pas bloquer l'utilisation du compas. On pourra également fixer la bille en place à l'aide d'une crampe à billot.

Le bouvetage d'un billot se fait en deux étapes. La première que nous nommons *emboîture préliminaire* nous permet d'asseoir plus confortablement notre billot en place pour la seconde phase, dite *tracé final*, qui comprend le bouvetage latéral et l'emboîture finale.

• Tracé de l'emboîture préliminaire (*natche* rudimentaire) (fig. 20)

On reporte sur le billot à bouvetage, à l'aide d'un niveau de menuisier, la largeur exacte du billot sous-jacent. On répète cette opération dans chaque coin et des deux côtés du billot. Cette utilisation du niveau ne s'avère nécessaire que si vous ne possédez pas un compas à niveau. (Voir utilisation et description du compas à niveau) Les marques tracées à l'aide du niveau sont des points de référence qui nous évitent de dessiner une emboîture trop grande, qui laisserait voir le jour de chaque côté de la bille à recouvrir.

Vérifier maintenant la distance qui sépare votre billot de celui du dessous. Ceci aux deux coins ainsi qu'au centre. Les trois lectures peuvent être différentes pour de multiples raisons, courbes du billot, différences de grosseur des deux billots sous-jacents, nœuds, ect. Mais la principale cause demeurant la conformation de la bille sous-jacente à tous les deux rangs. (fig. 20 A et B)

Soustrayez 3" (7,5 cm) à chacune des distances relevées et vous obtenez votre ouverture de compas. Chaque emboîture préliminaire sera donc tracée avec une ouverture différente.

Cette distance de 3" est arbitraire, elle pourrait être aussi bien de 2" ou 4" (5 cm ou 10 cm). Ce qui est important, c'est d'obtenir, après emboîture préliminaire, une distance passablement égale entre les deux billots pour le tracé final. Une distance de trois pouces nous est apparue une distance idéale pour l'utilisation d'un compas standard.

Pour dessiner l'emboîture préliminaire, tenez votre compas parfaitement à la verticale. Un compas qui pencherait à droite ou à gauche changerait complètement le tracé. (fig. 21)

Figure 20

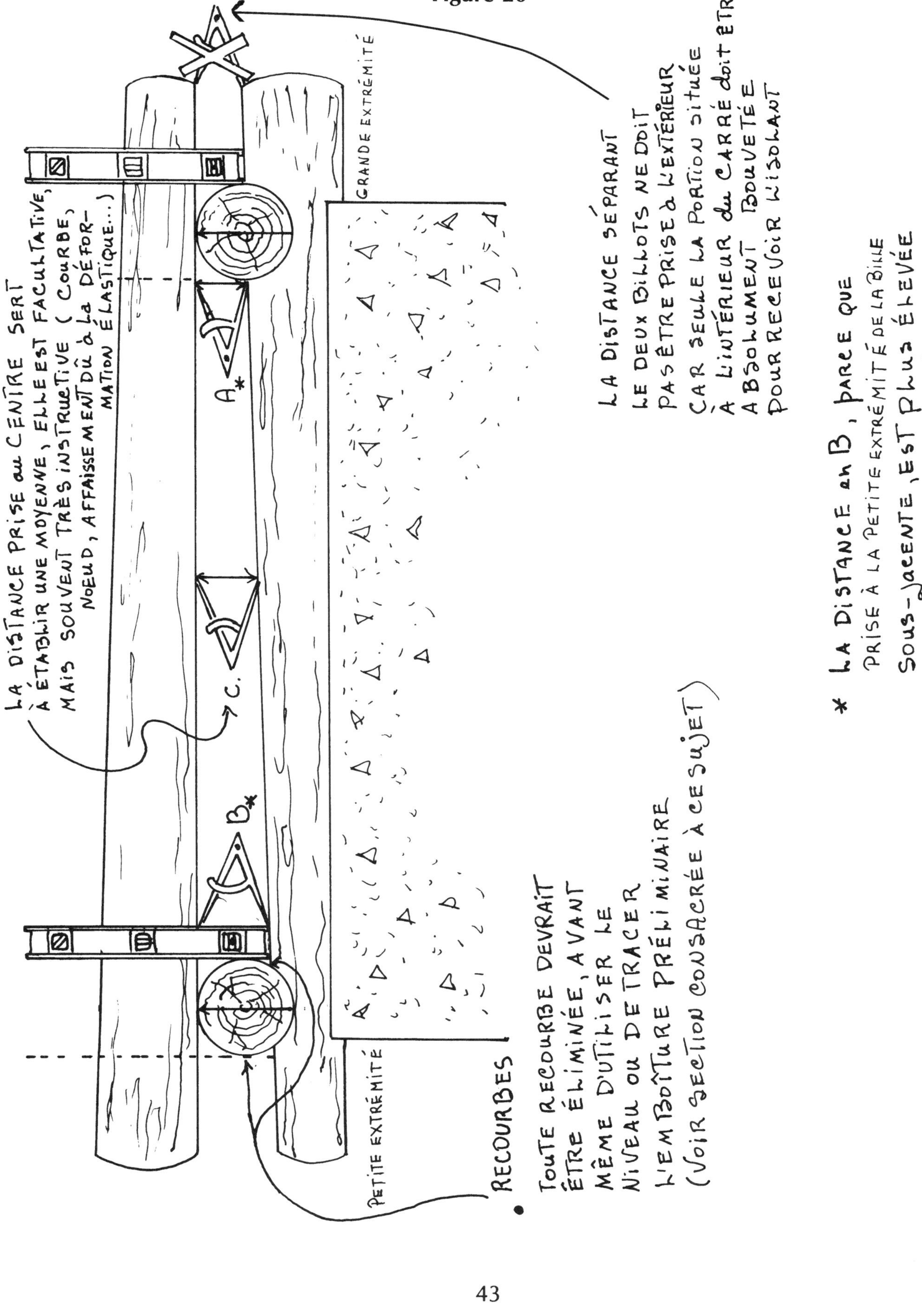

LA DISTANCE PRISE au CENTRE SERT À ÉTABLIR UNE MOYENNE, ELLE EST FACULTATIVE, MAIS SOUVENT TRÈS INSTRUCTIVE (COURBE, NOEUD, AFFAISSEMENT DÛ À LA DÉFORMATION ÉLASTIQUE...)
C.
A.*
B.*
GRANDE EXTRÉMITÉ
PETITE EXTRÉMITÉ
LA DISTANCE SÉPARANT LE DEUX BILLOTS NE DOIT PAS ÊTRE PRISE À L'EXTÉRIEUR CAR SEULE LA PORTION SITUÉE À L'INTÉRIEUR DU CARRÉ DOIT ÊTRE ABSOLUMENT BOUVETÉE POUR RECEVOIR L'ISOLANT
• RECOURBES
TOUTE RECOURBE DEVRAIT ÊTRE ÉLIMINÉE, AVANT MÊME D'UTILISER LE NIVEAU OU DE TRACER L'EMBOÎTURE PRÉLIMINAIRE (VOIR SECTION CONSACRÉE À CE SUJET)
* LA DISTANCE EN B, PARCE QUE PRISE À LA PETITE EXTRÉMITÉ DE LA BILLE SOUS-JACENTE, EST PLUS ÉLEVÉE QUE CELLE PRISE EN A.

Figure 21

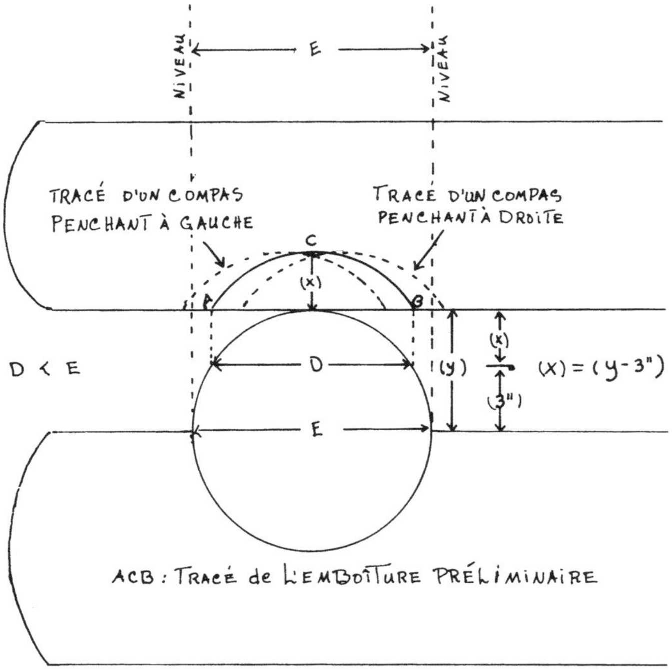

Figure 22

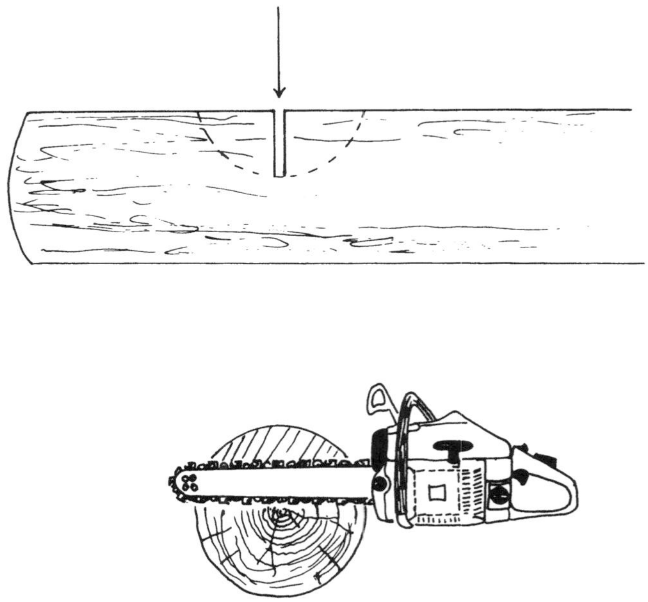

Veillez également à ne pas pencher votre compas vers l'avant ou vers l'arrière, là encore vous fausseriez votre dessin.

Utilisez le compas en dessinant de bas en haut, soit en partant de chaque côté du billot et en arrêtant à mi-chemin sur le dessus, c'est plus facile.

Évitez de bouger le billot, sinon il faudra tout recommencer.

Vérifiez si vous avez bien dessiné les deux côtés du billot.

Prenez le temps de vérifier une seconde fois. Retournez le billot de 180° vers le centre du carré, jamais vers l'extérieur, il peut se mettre à rouler et tomber. Fixez votre billot en place à l'aide de coins ou d'une crampe.

Évidage à la scie

1ère étape (fig. 22)

Faire un trait de scie vertical au centre de l'emboîture. Celui-ci devrait rejoindre simultanément votre ligne de compas de chaque côté de la bille.

2ième étape (fig. 23)

Effectuer ensuite deux traits obliques, partant de la ligne de compas sur le dessus du billot et se dirigeant vers le fond de la bille à la rencontre du premier trait. La majeure partie de l'emboîture est alors évidée.

Figure 23

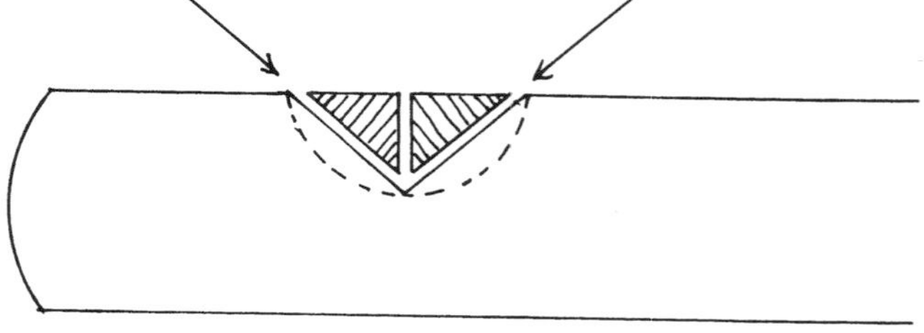

3ième étape (fig. 24)

Probablement la plus difficile au début. N'essayez surtout pas d'aller trop vite et de découper l'emboîture d'un seul coup en suivant la ligne de compas, c'est un travail impossible.

Il s'agit d'enlever par traits successifs, le surplus de bois. Commencez au fond de l'emboîture, n'enlevez que l'épaisseur du trait de scie à

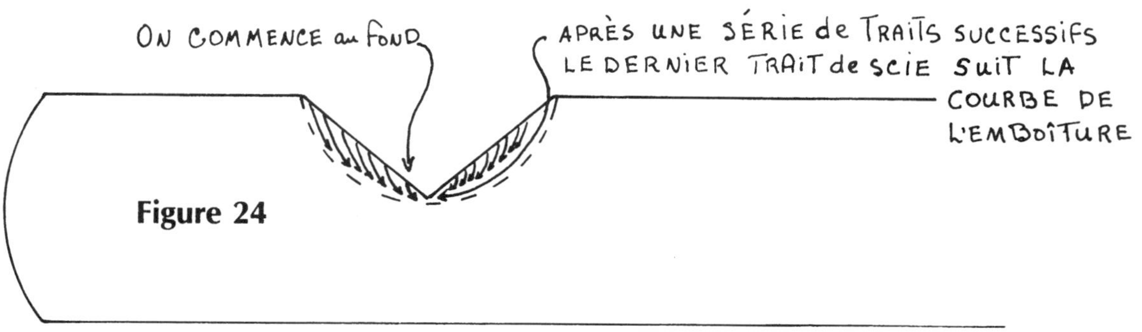

Figure 24

chaque coup. Donnez en même temps un léger mouvement de rotation à la scie, de sorte que le dernier trait puisse suivre approximativement la courbe de l'emboîture.

4ième étape (fig. 25-26-27)

Un brossage à la scie s'avère habituellement nécessaire pour enlever les irrégularités laissées à la 3ième étape. Ce brossage s'effectue en donnant à la scie un mouvement de va-et-vient parallèle au bois.

La barre traverse le billot et nettoie les deux côtés en même temps. (fig. 26)

Il n'est pas nécessaire de faire tourner la scie à toute vitesse. Allez-y lentement et s'il se forme une petite bosse, vous devrez vous y attarder jusqu'à ce qu'elle disparaisse, sinon elle s'accentuera et pourra finalement vous causer des problèmes. (fig. 27)

L'emboîture préliminaire terminée, le billot est de nouveau roulé en place. Il devrait maintenant se situer à environ 3 pouces (7,5 cm) au-dessus du billot sous-jacent et cela sur toute la longueur. Si la distance qui sépare les deux billots est plus élevée à une extrémité qu'à l'autre, il faudra corriger cette situation en relevant l'extrémité la plus basse à l'aide d'un petit coin que l'on place habituellement à l'intérieur de l'emboîture en son centre, pour ne pas gêner l'emploi du compas.

Les extrémités sont alors tronçonnées à une distance (x) du centre du solage. Cette distance, préalablement choisie par le constructeur, est habituellement de 2 pieds (60 cm), nous laissant 4" (10 cm) de surplus de bois pour une coupe finale, à 20 pouces (50 cm) du centre, lorsque la maison sera terminée.

C'est à ce moment que l'on tracera une ligne de niveau verticale à chaque extrémité du billot. Ces verticales, centre réel du billot (voir chapitre : Érection des murs, section: Centre du billot), se situent en droite ligne avec le centre du solage.

Elles seront nos points de repère durant tout le temps de l'érection des murs et devront être tracées sur chacun des billots pour ne faire, à la fin, qu'une seule ligne de haut en bas du bâtiment.

Figure 25

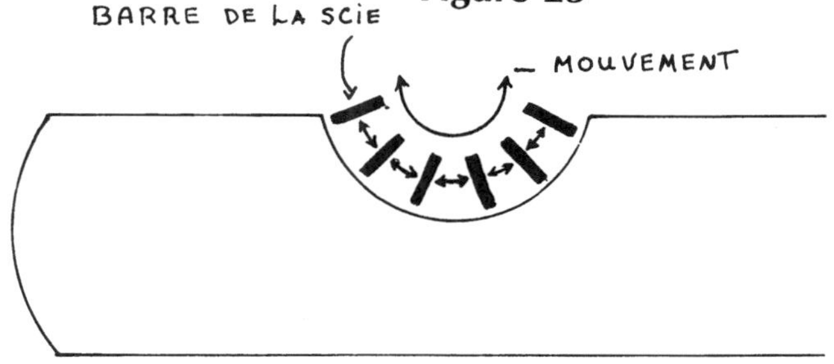

Figure 26

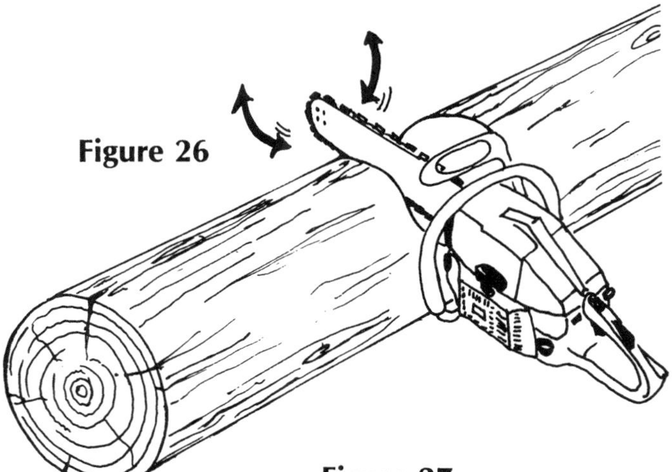

Figure 27

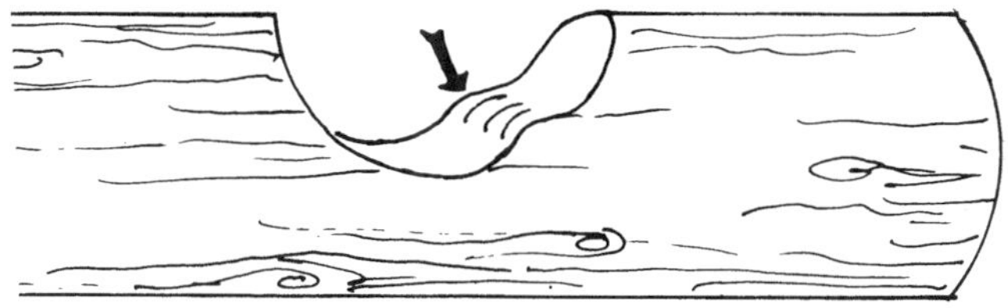

• Tracé final

C'est à partir d'ici que le compas devient vraiment essentiel : lui seul peut nous permettre de reproduire avec une grande précision, sur la bille à bouveter, la conformation de la bille sous-jacente.

Théoriquement, dans notre cas, si le travail d'emboîture préliminaire a été bien fait, l'ouverture du compas devrait être de trois pouces et quart (3" ¼: 8 cm) de façon à ce que le compas puisse toujours toucher la bille supérieure, mais sans plus.

Il est cependant sage de vérifier, le long des deux billots, si une malformation ne nous obligerait pas à ouvrir plus grand que prévu.

On ajustera donc le compas, là où la distance entre les deux billes est la plus grande. (fig. 28)

En gardant bien les deux pointes à la verticale, on effectue un tracé tout le long du billot, des deux côtés de celui-ci, ainsi qu'à ses extrémités.

Ce travail devra être des plus précis, car il devient complètement inutile s'il est fait à la hâte. Prenez le temps qu'il faut, même si cela signifie plus d'une heure d'ouvrage pour une simple bille.

L'emploi d'un compas à niveau vous facilitera grandement la tâche.

Figure 28

Emploi du compas à niveau
(Description et fonctionnement) (fig. 29)

Le plus connu des compas à niveau et probablement le plus sophistiqué est celui conçu par M. Mackie. Ce compas a pour caractéristique de pouvoir s'ajuster verticalement et horizontalement. Nous vous en illustrons le fonctionnement et la méthode d'ajustement. Cette méthode peut être employée pour tout autre compas à niveau et dites-vous bien que dans ce domaine, l'imagination des constructeurs ne cesse de surprendre.

Avant tout, vérifiez si la pointe sèche et celle du crayon sont bien l'une au-dessus de l'autre puis déterminez l'ouverture du compas.

Serrez bien en place la vis d'ouverture. Cette ouverture devra demeurer la même tout au long d'un tracé.

Appuyez ensuite les deux pointes du compas sur un niveau de menuisier. Desserrez la vis de support et réglez le niveau vertical. (fig. 29A)

Appuyez maintenant les deux pointes à plat sur le côté du niveau de menuisier. Desserrez la vis d'ajustement horizontale et réglez le niveau. (fig. 29B)

Lors du tracé, en particulier celui de l'emboîture, veillez à ce que les deux bulles soient toujours au centre des niveaux. Si vous devez aiguiser votre crayon, vérifiez après coup le niveau vertical et avancez votre crayon d'une longueur égale à celle qu'il a perdue par usure et aiguisage. Vous retrouverez vos bulles en place.

Employez des crayons indélébiles, de dureté moyenne, qui laisseront une trace bien visible sur une surface mouillée. Humectez le billot à

Figure 29

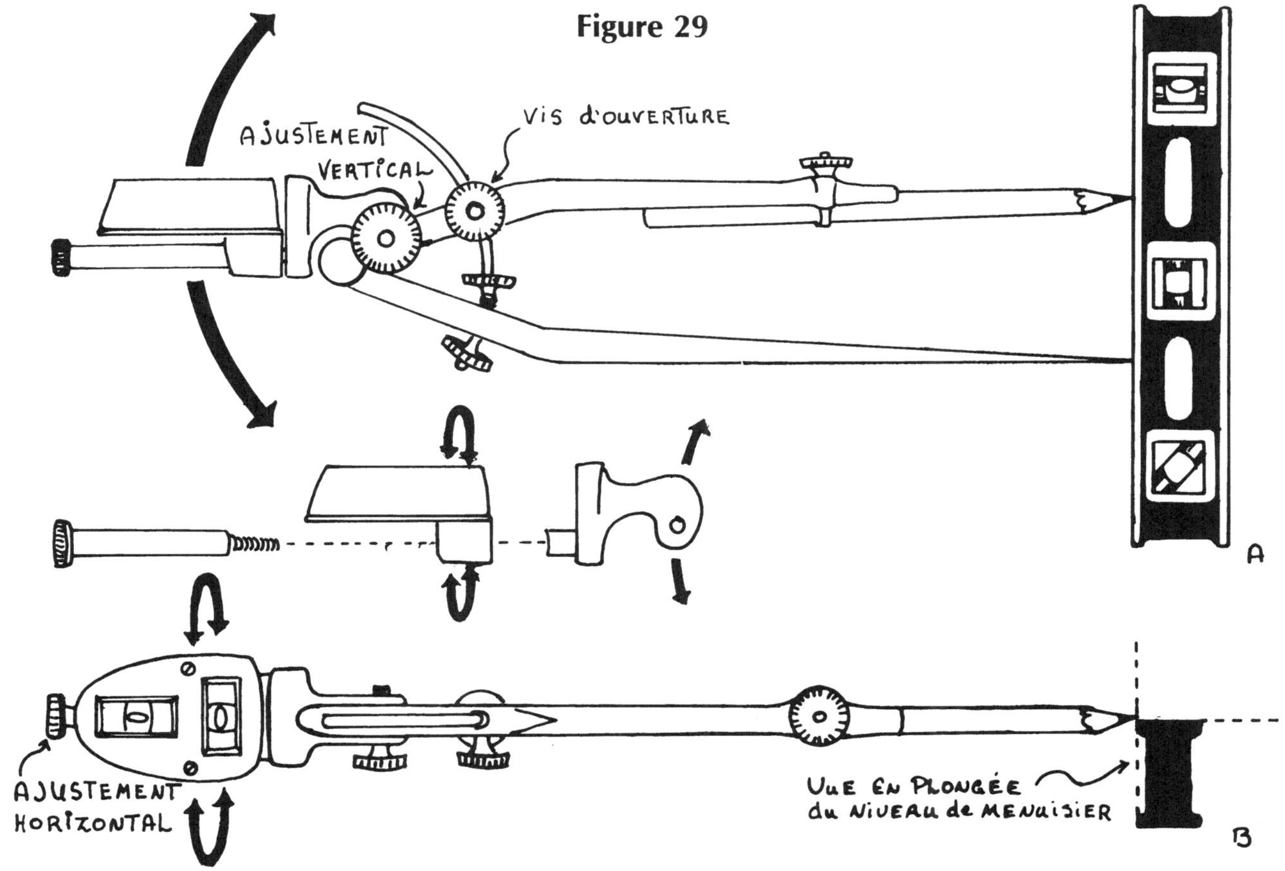

l'aide d'un petit pulvérisateur manuel, avant d'effectuer le tracé.

Nettoyez la surface du billot avant de commencer votre travail. Si par erreur vous avez tracé deux lignes, grattez le tout et recommencez. Si votre ligne passe par un bout d'écorce, enlevez-le et tracez de nouveau. Vérifiez que votre ligne soit bien visible d'un bout à l'autre du billot. Foncez les lignes trop pâles.

Avant de retourner votre billot, faites une dernière vérification. Il nous est apparu quasi impossible à ce jour de remettre un billot exactement à la même place pour y tracer une partie oubliée.

• Bouvetage du billot

Bien que tout le travail décrit ci-dessous puisse être fait à la hache, en un temps record par certains spécialistes, nous nous limiterons à vous décrire l'emploi de la scie à chaîne, instrument dangereux, mais combien polyvalent.

Il n'y a pas de ligne de conduite précise à suivre, mais la plupart des constructeurs préfèrent évider les emboîtures, avant de s'attaquer à la latérale.

Évidage de l'emboîture finale

Utilisation du ciseau à bois ou du couteau

Lors de l'évidage à la scie, il se produit fréquemment des éclats de bois, qui font disparaître la ligne si soigneusement tracée au compas. Pour éviter que cela arrive, il suffit de suivre cette ligne à l'aide d'un couteau qu'on enfoncera d'environ ¼ de pouce (0,6 cm) dans le bois. L'éclisse se brisera d'elle-même à cet endroit. Un couteau à placoplâtre (gyproc), ou un couteau à linoléum (revêtement de sol) suffit à la tâche.

Mais pour ce qui est des débutants, nous suggérons fortement l'emploi du ciseau à bois et du maillet. Un ciseau de ½ pouce (1,25 cm) permet de suivre aisément le contour de l'emboîture. On retranchera par la suite une épaisseur de ¼ de pouce (0,6 cm) de bois à l'intérieur du tracé fait au compas. (fig. 30) On obtient

Figure 30

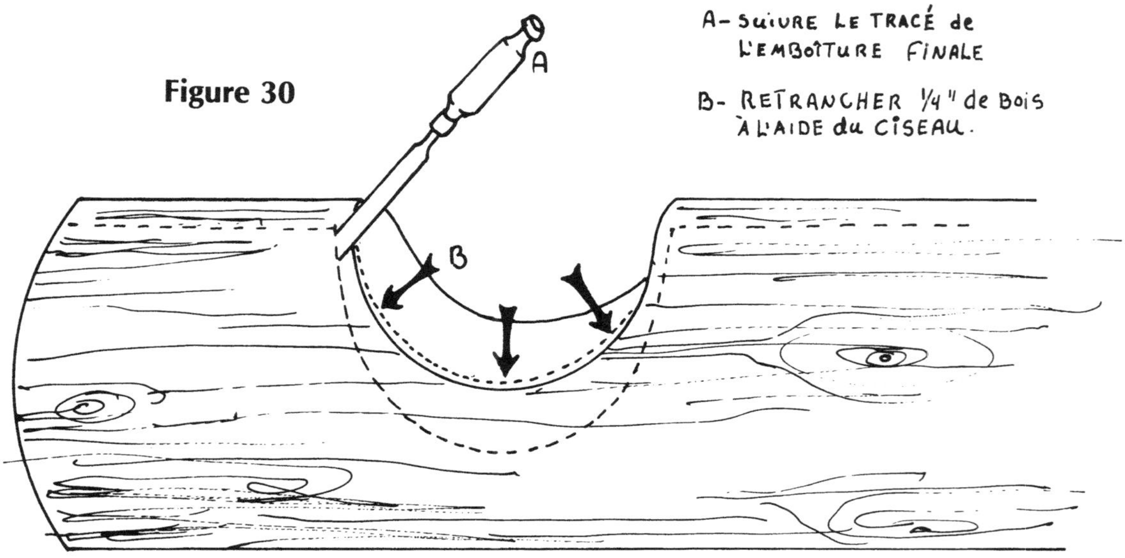

ainsi une surface plus pâle, qui se détache du reste du billot et nous indique clairement la portion de bois à enlever. De plus on n'aura pas à s'approcher trop près de l'arête de l'emboîture avec la scie à chaîne. Ce qui élimine beaucoup de fauses manœuvres souvent regrettables.

Figure 31

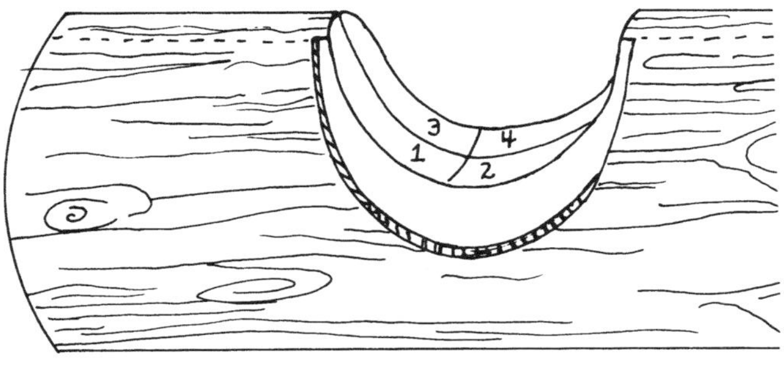

Utilisation de la scie à chaîne

Avant de creuser l'emboîture, on la divise mentalement en quatre parties que l'on travaillera séparément. (fig. 31)

Cette demi-section est maintenant creusée par petits coups successifs. (Tel qu'enseigné au chapitre de l'emboîture préliminaire)

On effectue un premier trait de scie au centre qui dépassera légèrement la ligne médiane. La lame devra s'enfoncer un peu plus au milieu de l'emboîture que sur ses côtés. (fig. 32A)

Deux autres traits de scie en oblique viendront rejoindre le premier à sa base. Là encore la barre de la scie ne dépasse que légèrement la médiane. On se servira d'ailleurs de cette barre comme d'un levier pour briser les pièces de bois ainsi obtenues. (fig. 32B)

Figure 32

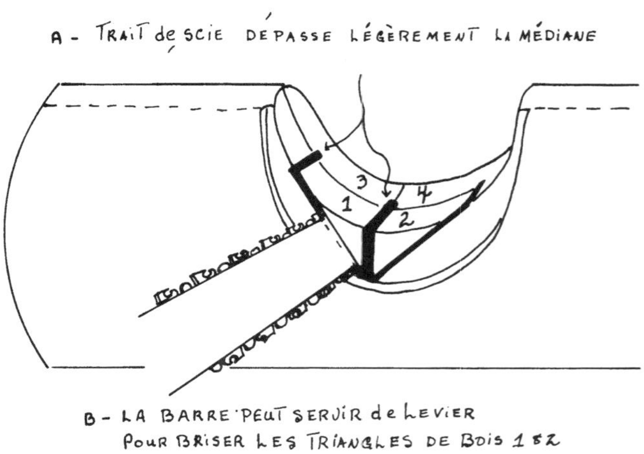

Un travail similaire est effectué de l'autre côté pour les deux quarts restants. Le tout suivi d'un brossage à l'intérieur de l'emboîture. Le produit final doit ressembler à un bol à soupe. Cette forme concave servira de contenant à l'isolation des coins et nous assurera, qu'une fois en place, l'emboîture portera sur ses arêtes et non sur son centre. (fig. 33)

Figure 33

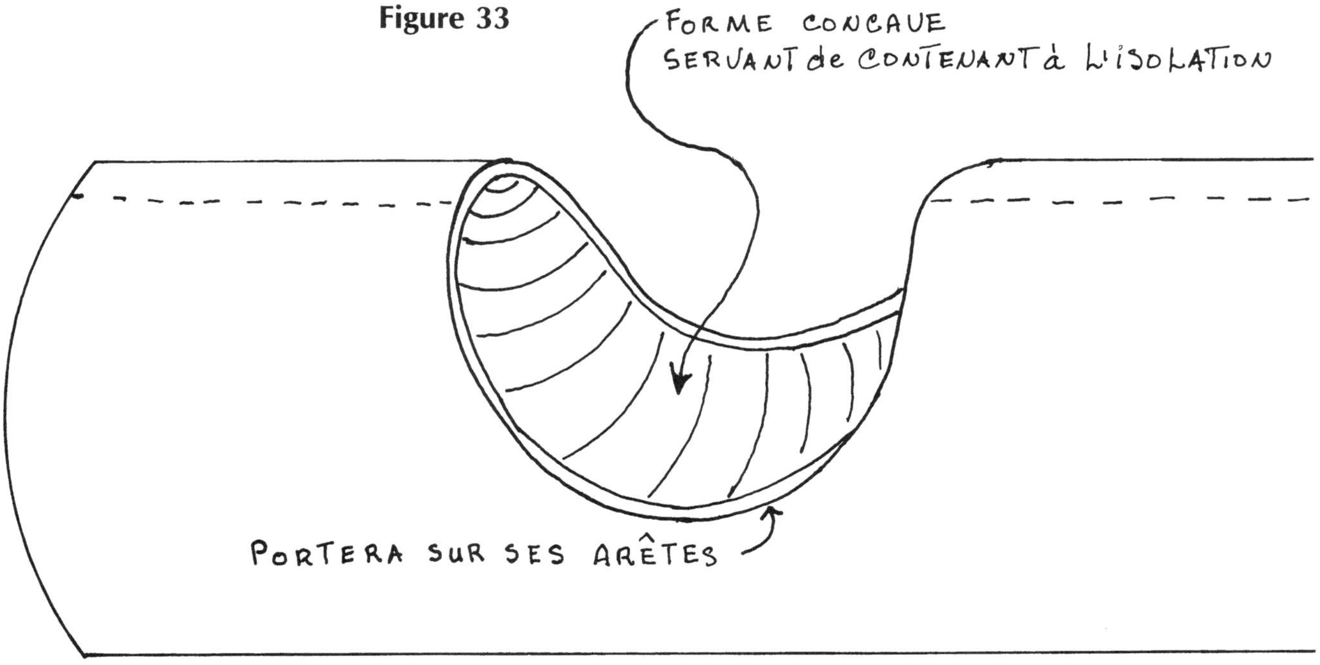

Pour ce faire, l'angle qu'on donnera à la scie ne devra pas être trop prononcé (fig. 34), ce qui affaiblirait inutilement l'emboîture et créerait des arêtes trop minces qui s'enfonceraient dans la bille sous-jacente ou se briserait dans le transport.

Figure 34

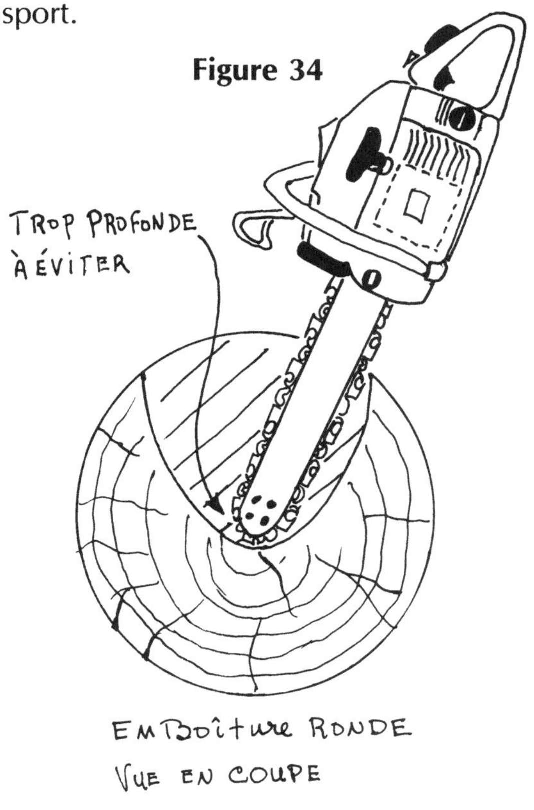

Évidage de la latérale

Ce travail se fait en deux étapes : le bouvetage de la latérale à l'intérieur du carré, seule partie à recevoir de l'isolant, et bouvetage de la partie dépassant les emboîtures à l'extérieur du carré, là où la latérale est apparente aux extrémités des billots.

Partie intérieure

La lame dirigée vers le cœur du billot, on effectue les deux premiers traits de scie d'environ un demi-pouce (1,25 cm) de profondeur. Ces traits devront être faits à l'intérieur de la ligne, aussi près que possible de celle-ci sans toutefois jamais l'entamer. (fig. 35A) Ne pas poursuivre ce trait sur la partie du billot située à l'extérieur du carré.

Cette première coupe a pour but de suivre avec précision le dessin de la latérale. Précision difficile à obtenir si l'on doit enfoncer sa scie profondément dans le bois en essayant d'évider la latérale d'une seule coupe en V.

Cette coupe en V est la seconde étape, c'est elle qui permet d'enlever complètement le bois qui obstrue le bouvetage latéral. Ce travail peut se faire rapidement car on n'a pas à suivre la ligne de près. Ne pas enlever trop de bois, ça ne fait qu'affaiblir le billot et exige plus de temps et d'efforts. Avec de la pratique et un peu de jugement, on arrive rapidement à n'enlever que le minimum nécessaire tout en évitant que l'intérieur du bouvetage ne vienne s'appuyer sur la bille inférieure. (fig. 35B)

Un travail bien fait assure une étanchéité à toute épreuve. (fig. 36)

Vous remarquerez que lorsque la latérale est très étroite, la ligne du compas semble plus épaisse. C'est parce qu'à cet endroit l'espace qui sépare les deux billots est à son maximum et que le compas touche à peine au billot. Le tracé se fait alors avec le dessus et non avec la pointe du crayon, laissant une trace plus large. À ce moment, la latérale doit être découpée à l'intérieur de ces lignes et non au milieu du tracé.

Il nous reste maintenant à enlever les deux languettes de bois produites par cette double coupe, (fig. 35C) ce qui peut facilement être fait à la hache ou au lissoir. C'est un travail rapide qui n'exige pas la puissance d'une scie à chaîne et qui offre un repos bien appréciable pour l'ouïe.

Figure 35

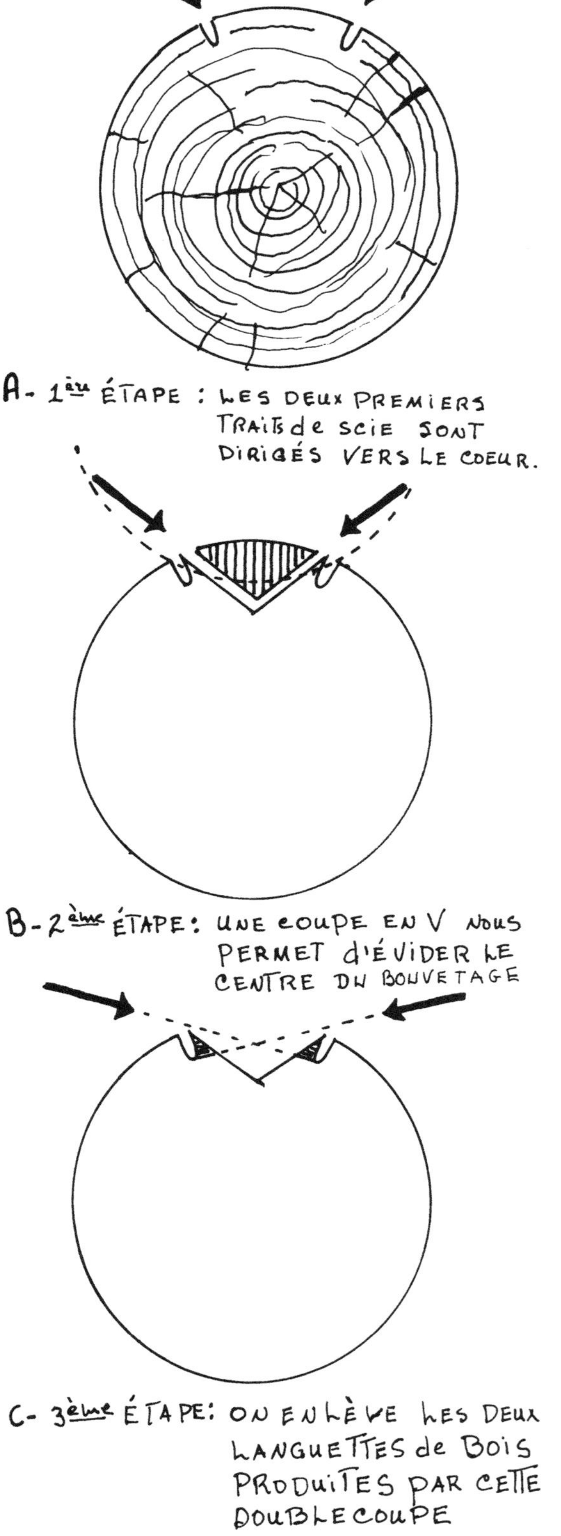

Figure 36

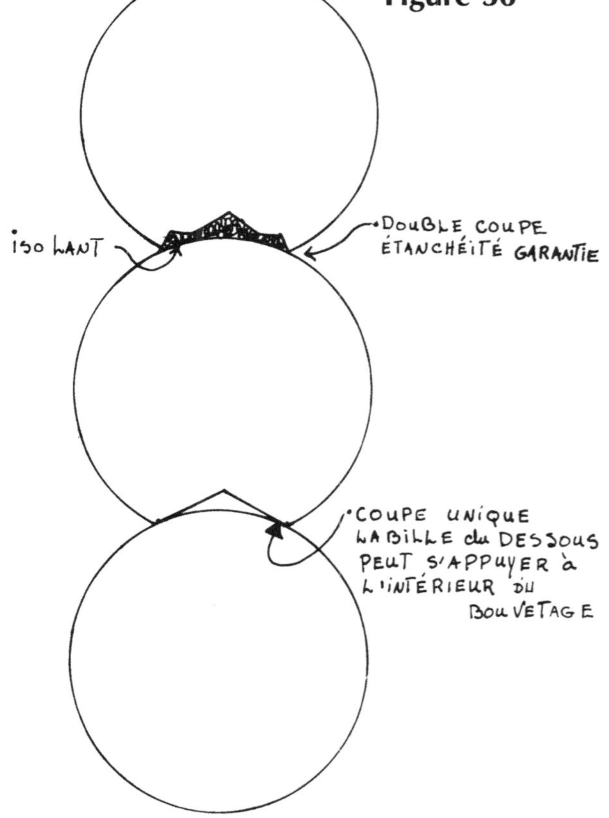

Partie extérieure

Cette partie ne nécessite aucun isolant, sa fonction est de consolider le billot au coin du carré, affaibli par l'emboîture qu'on a dû y creuser. C'est une prolongation de celle-ci qui la protège contre les intempéries et les bris possibles dus à une bille qui chercherait à tordre ou à fendre suite à un séchage trop rapide.

Si elle n'est pas trop large, un simple brossage avec le bout de la lame suffit. Mais si elle est suffisamment profonde, il est préférable d'effectuer deux traits de scie obliques, non pas dirigés vers le cœur comme pour la latérale intérieure, mais bien vers le centre du bouvetage dont on vérifiera la profondeur en se basant sur le tracé du compas à l'extrémité du billot. (fig. 37A) On enlèvera aussi une première languette, ce qui accélérera d'autant le travail de brossage.

À ce moment et à cet endroit seulement, il est préférable de brosser un peu plus profondément que ce que nous indique la ligne tracée aux extrémités. Nous vous suggérons de dépasser cette ligne d'un quart de pouce, (0,6 cm) ceci pour éviter que le billot du dessous ne vienne s'appuyer à l'intérieur du bouvetage. (fig. 37B)

Travail de finition

Une dernière précaution et non la moindre nous oblige, avant de retourner le billot, à vérifier une dernière fois la latérale et les emboîtures et à y enlever tout surplus de bois que l'on retrouverait à l'intérieur de la ligne tracée au compas. Ce travail se fait au couteau, à la hache ou au lissoir. Il est essentiel et il justifie la tâche souvent longue de faire un tracé parfait au compas.

Figure 37

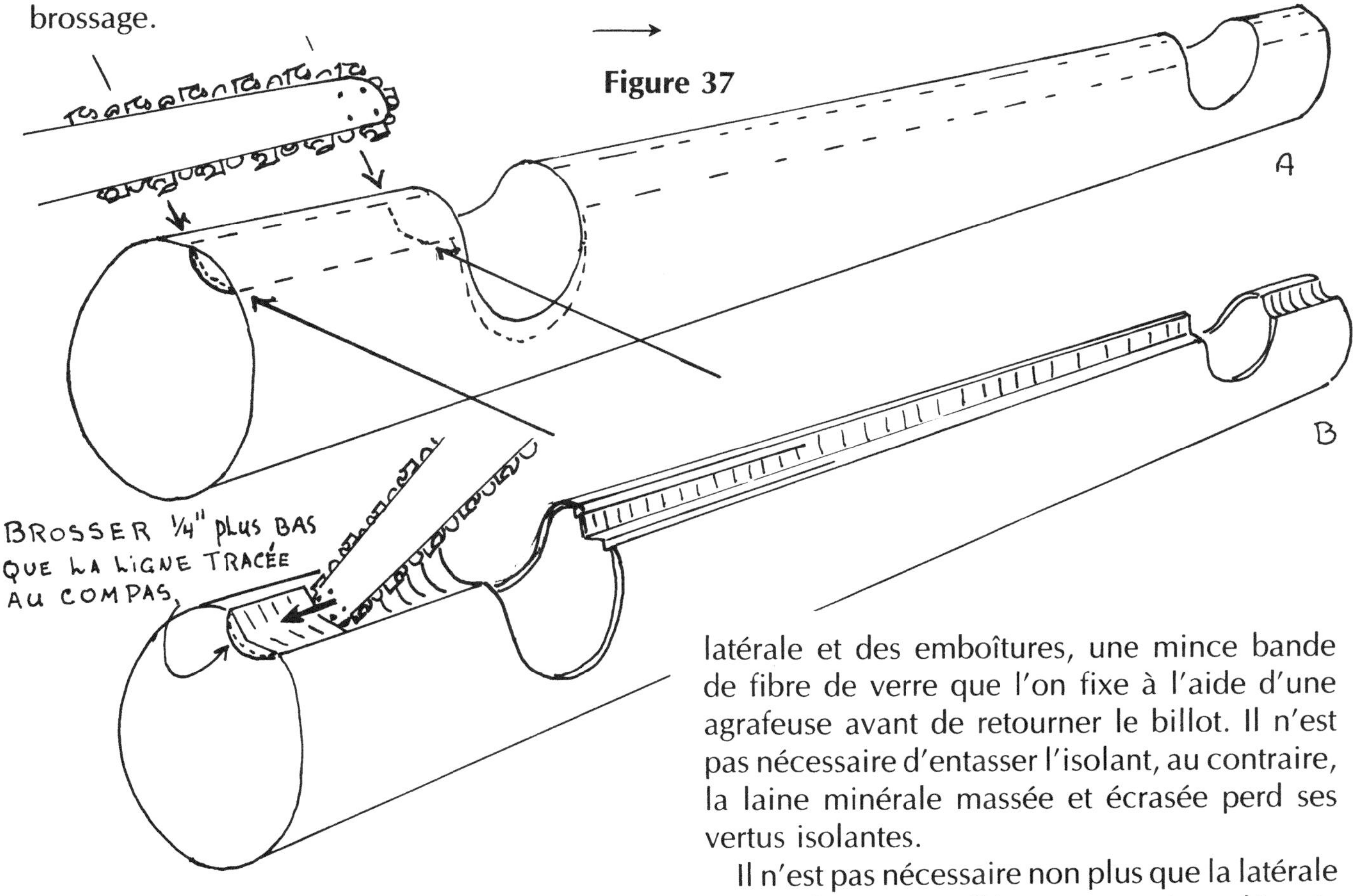

Principe d'isolation et largeur de la latérale

Si on bâtit directement sur le solage, il est maintenant temps d'ajouter à l'intérieur de la latérale et des emboîtures, une mince bande de fibre de verre que l'on fixe à l'aide d'une agrafeuse avant de retourner le billot. Il n'est pas nécessaire d'entasser l'isolant, au contraire, la laine minérale massée et écrasée perd ses vertus isolantes.

Il n'est pas nécessaire non plus que la latérale soit très large pour offrir une protection adéquate contre les intempéries de l'hiver. Trop de constructeurs ont tendance à dessiner leurs latérales et à les creuser comme s'ils voulaient construire un canot. C'est bien mal connaître leur matériau de base. L'arbre, de par sa structure cellulaire, a la propriété de diriger vers son centre, cœur de la plante, toute chaleur qui se trouve à sa portée. Ce qui signifie que quelle que soit la largeur de la latérale, la chaleur avant de fuir la maison devra passer par le centre du billot, (fig. 38) et que si le diamètre de celui-ci est de 12" (30 cm) et sa latérale de 2" (5 cm), il offrira 12" (30 cm) de résistance au froid même au niveau de la latérale. Cette théorie, bien

Figure 38

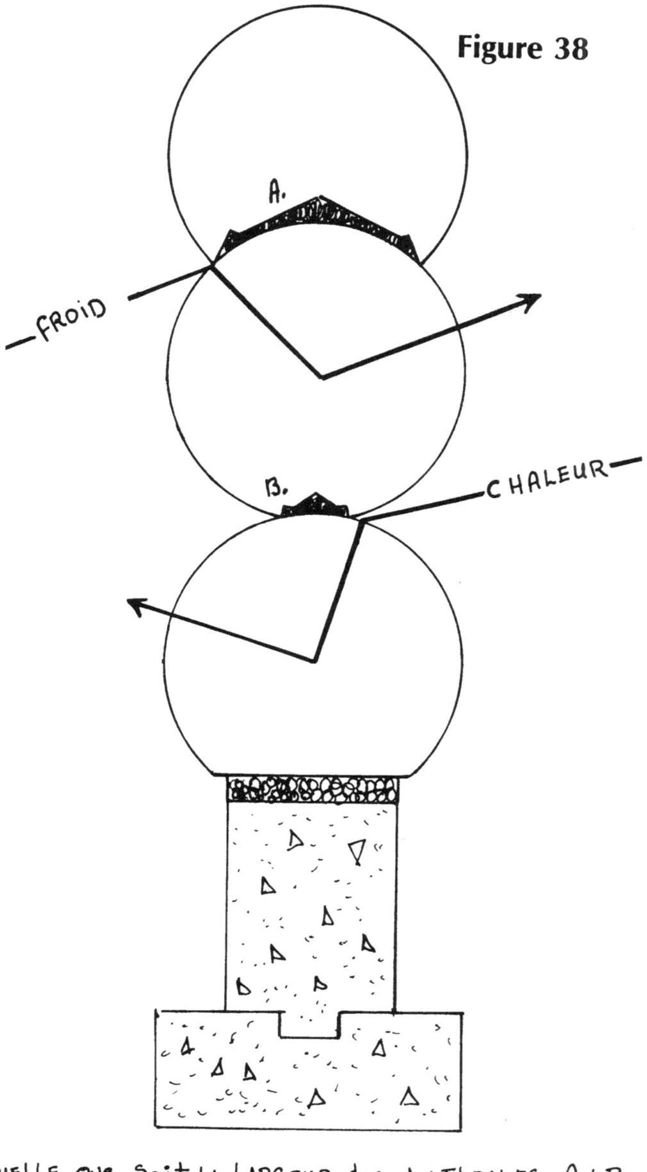

QUELLE QUE SOIT LA LARGEUR DES LATÉRALES A+B, LA CHALEUR OU LE FROID, AVANT DE SORTIR OU DE PÉNÉTRER DANS LA MAISON, DEVRONT PASSER PAR LE CENTRE DU BILLOT.

qu'osée, n'a jamais eu de détracteurs sérieux, qui, preuves à l'appui, ont pu démontrer l'utilité d'une latérale plus large. Au contraire, des années d'expérience chez les constructeurs de ce type de maison, ont prouvé qu'elle était plus que justifiée.

Une latérale d'environ 2 pouces (5 cm) facilite également le travail du constructeur en lui demandant beaucoup moins d'effort. Elle évite un gaspillage inutile de matière première et permet de construire plus rapidement et plus haut avec le même nombre de billots.

Elle laisse à la bille sa solidité quasi originelle et évite le problème d'une séparation en son centre qui pourrait se produire, si la latérale était vraiment trop profonde.

Ce bris au centre est le résultat d'un fendillement qui se fait également tout autour du billot lors du séchage. La couche extérieure, plus exposée à la chaleur, a tendance à sécher plus rapidement que le cœur. Le volume du bois diminuant trop rapidement, des fissures se produisent.

Une maison construite avec du bois frais coupé de l'été et immédiatement habitée et chauffée à l'automne, verra ce phénomène s'amplifier. Aussi, plusieurs personnes préfèrent laisser sécher le carré un an avant d'emménager. Mais il ne faut pas s'alarmer, ces brisures ne se font pas de bord en bord du billot, elles s'arrêtent bien avant de rejoindre le cœur. Et de nombreux enduits commerciaux permettent de contrôler ce problème. (Voir nettoyage et protection du bois)

Toutefois si le bouvetage latéral dépasse le cœur, le problème pourra toujours se poser.

On peut également, si on le désire, localiser ce fendillement. La méthode consiste à enfoncer régulièrement, à tous les trois ou quatre pieds (1 mètre) sur le dessus de la bille en place, des petits coins de bois franc d'environ 2" X 1" (5cm X 2,5 cm). Le fendillement se concentrera à cet endroit, caché par la latérale qui le surplombe et n'affaiblira pas le billot si on a eu soin de diminuer la latérale à sa plus simple expression, environ 2" (5 cm).

ÉRECTION DES MURS

• Trouver le centre d'un billot

Un billot n'offrant aucune surface plane à laquelle on puisse se référer, le constructeur de maison en bois rond n'aura d'autre repère que le centre de celui-ci. Mais ce centre varie selon la conformation des billots. On peut rarement se référer au centre des deux extrémités, car pour ce faire, le billot devrait être parfaitement droit, sans qu'on puisse y déceler aucune courbure.

Le centre réel d'un billot est la ligne qui divise ce billot en deux masses de poids égal, sur le sens de la longueur. En d'autres termes, si on déposait ce billot sur un fil de fer tendu, il ne devrait tomber ni d'un côté ni de l'autre. Le centre recherché est le centre d'équilibre de la pièce. (fig. 40)

Mais avant de décider où on placera le centre, il est préférable de tourner le billot sur place de 360° et de l'examiner sur tous ses angles. Si on y décèle une courbe et qu'elle est vraiment légère, on la placera sur le dessus. Le poids du billot devrait l'annuler lorsque celui-ci sera appuyé seulement à ses deux extrémités sur le carré. (fig. 39) Si cette courbe est accentuée, on la placera 2 heures à l'extérieur du carré. (fig. 40) Placée complètement à l'extérieur du carré, il devient difficile de déterminer le centre du billot; le mur se trouve affaibli et l'esthétique de l'ensemble en souffre. Placée au-dessus du carré, c'est le tracé au compas qui devient difficile à exécuter et le peu de bois qui nous est laissé au-dessus des emboîtures compliquera notre tâche pour plusieurs rangées à venir. (fig. 41)

On peut cependant utiliser un billot, courbe sur le dessus si on connaît l'endroit exact où sont situées nos portes et fenêtres. Il est alors facile d'affaiblir le billot à un de ces endroits en effectuant un trait de scie à mi-bois sous la courbe. Le billot se redressera tout en demeurant d'une seule pièce. (fig. 51)

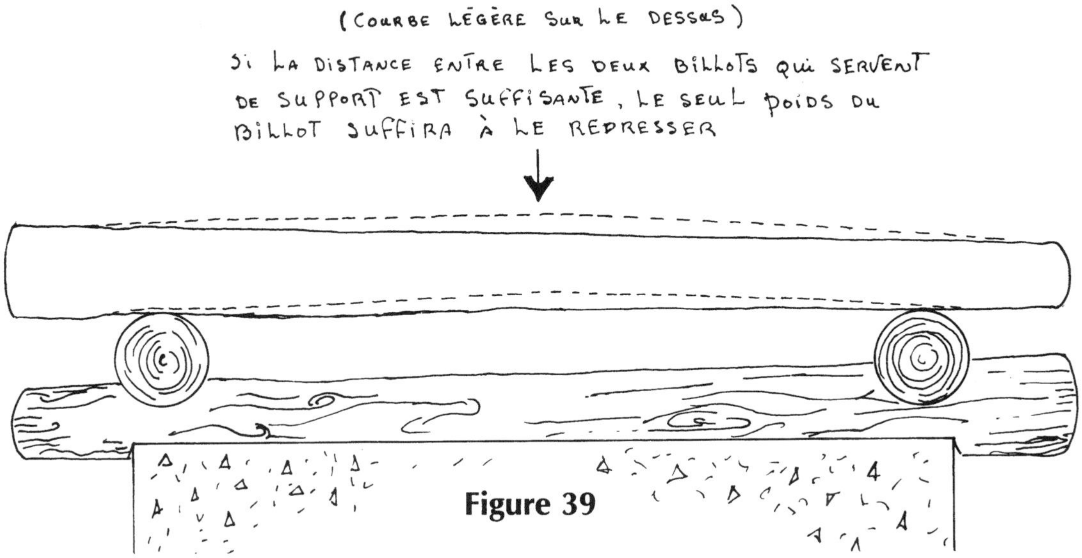

Figure 39

Figure 40

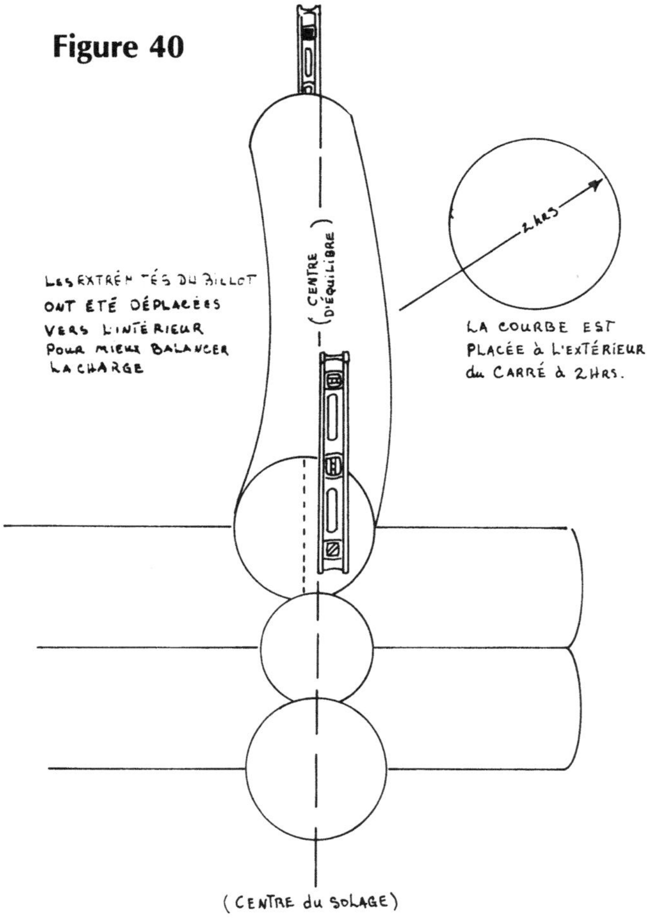

Toutes ces décisions devraient être prises hors de l'érection du carré et les billots devront être marqués sur le tas. On perd un temps énorme à vouloir évaluer la courbure d'un billot déjà en place sur le carré.

Un billot possédant plus d'une courbe et ayant la forme d'un S, devra être mis de côté pour être utilisé en sections. Nous examinerons cette solution plus avant dans le même chapitre. Section : Utilisation des billots courts.

• Recourbe

Le choix du billot effectué, il advient fréquemment que nous ne soyons pas au bout de nos peines. Car même si vous avez déniché le gros billot qui couvrira adéquatement le billot sous-jacent, (voir choix des billots fig. 19) il peut arriver que ce dernier ne soit pas assez profondément emboîté et par conséquence affublé de deux arcs sur ses côtés qui vous empêcheront d'emboîter correctement le billot qui viendra le chevaucher.

Pour éviter toute confusion et faute de terme technique adéquat, nous nommerons ces deux arcs de cercle : *recourbes*.

Il y a donc recourbe sur un billot lorsque l'emboîture qu'on vient d'y effectuer est moins profonde que la moitié du diamètre du dit billot. (fig. 42)

Figure 42

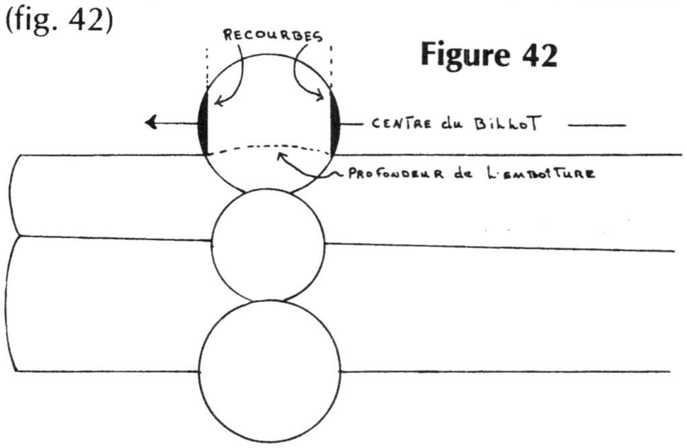

Un simple tracé au compas nous démontre clairement qu'il est impossible d'enchâsser les deux billots, si ce n'est en coupant l'excédent de bois, soit les deux pointes A et B. (fig. 43 I) Il en résultera deux prises d'air disgracieuses, détruisant l'étanchéité tant recherchée. (fig. 43 II)

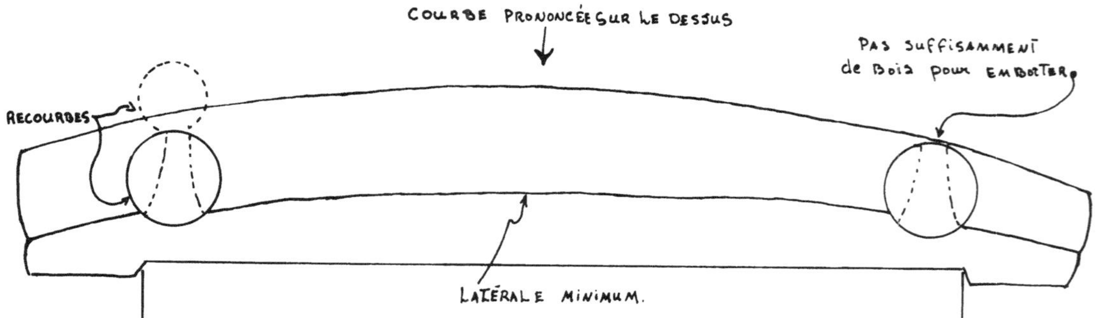

Figure 41

Figure 43

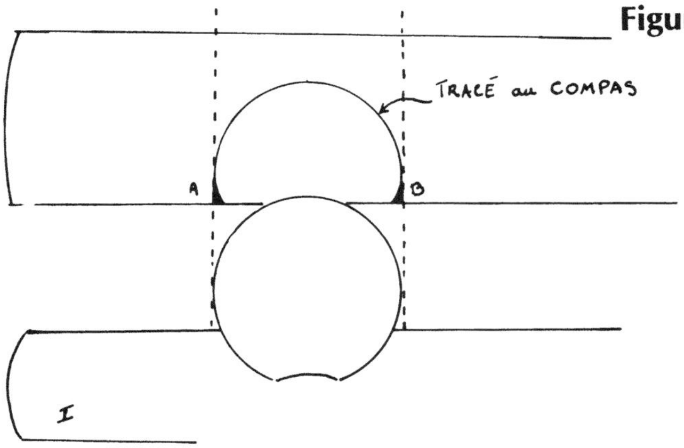

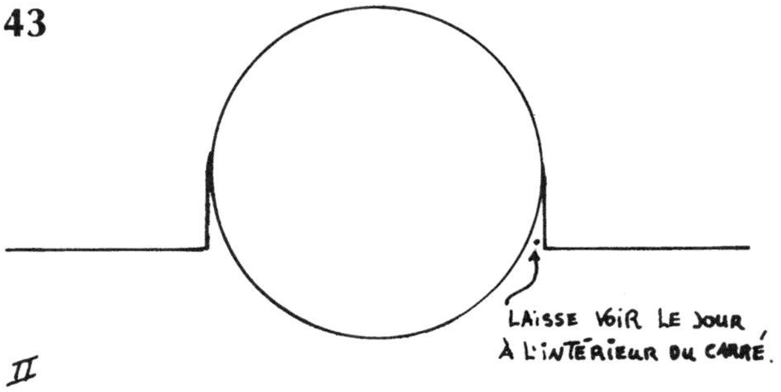

Figure 44

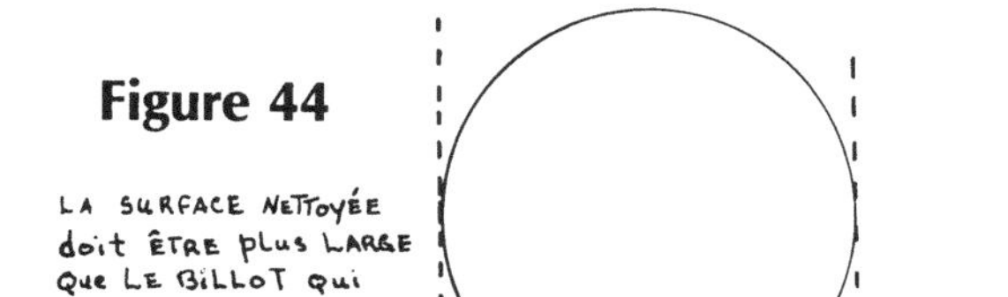

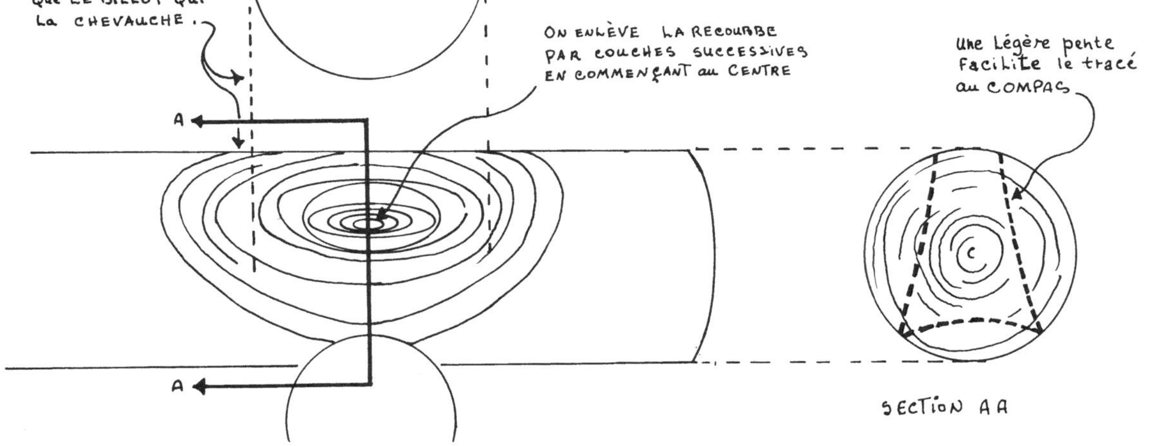

Pour corriger cette situation il faut éliminer la recourbe. Ce travail se fait aisément à la hache. Mais si vous employez la scie, n'essayez pas de faire disparaître le surplus de bois d'un seul coup. Allez-y par traits successifs, en n'enlevant à chaque coup que l'épaisseur de la chaîne, comme pour éviter une emboîture. Commencez au centre par une légère ellipse et continuez en grandissant jusqu'à ce que la recourbe soit disparue et que la surface découpée soit plus large que le billot qui viendra la chevaucher. (fig. 44)

La scie ne devrait pas être utilisée perpendiculairement au billot mais plutôt penchée vers l'intérieur de celui-ci, ce qui nous procure une surface en pente et facilite l'emploi du compas. (fig. 14 A-A)

Ce travail devra être fait avec précaution, car si on enlève trop de bois, (fig. 45A) on trouera l'emboîture inférieure et si on n'en enlève que trop peu, (fig. 45B), on gardera une mini-recourbe.

On peut éviter ces dernières difficultés en faisant acte de prévoyance et en éliminant la recourbe sur un billot avant même d'y tracer l'emboîture préliminaire. La pose du billot suivant en sera d'autant facilitée.

On peut également éliminer une recourbe en pratiquant une emboîture à double enture. (Voir chapitre : Plancher du premier étage.)

Figure 45

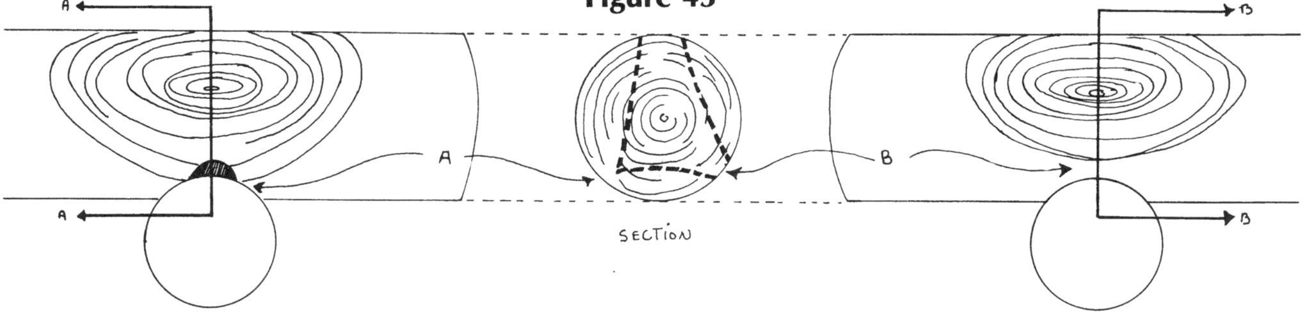

• **Alignement des murs**

Tel que mentionné à la fin de la section: Emboîture préliminaire, chacune des extrémités du billot doit être munie, avant le tracé final, d'une ligne de niveau verticale représentant le centre réel du billot. La latérale et l'emboîture finale creusées et le billot remis en place, il faut de nouveau vérifier cette ligne. Elle se doit d'être de niveau avec le centre du solage. Si ce n'est pas le cas et qu'il y ait légère déviation, il faut immédiatement l'effacer et en tracer une nouvelle qui soit un repère sûr pour la pose du prochain billot. À cette occasion, un niveau de maçon, d'une longueur de 4 pieds (1,2 m) s'avère des plus utiles, nous permettant de vérifier plusieurs billots à la fois.

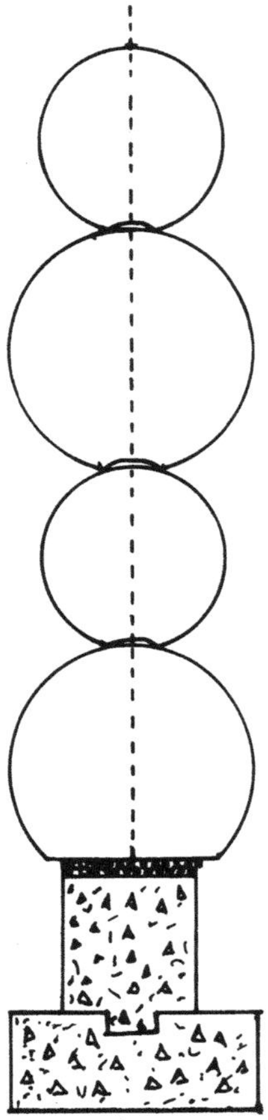

Figure 46

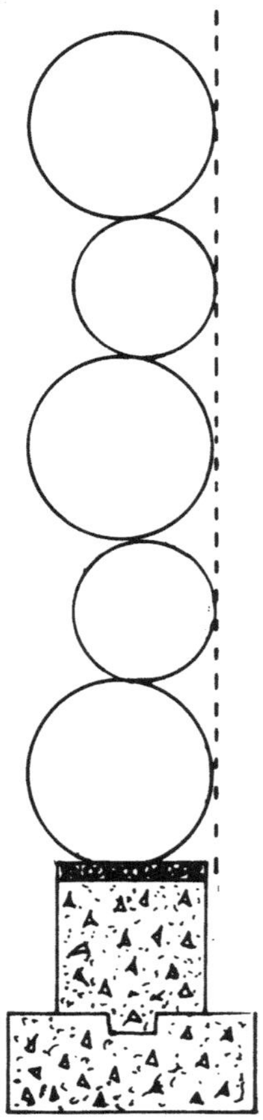

Figure 47

L'alignement au centre (fig. 46) distribue également le poids de la maison sur sa fondation; il assure la solidité et procure au bâtiment une apparence plus naturelle.

Malgré ces avantages, certains préféreront un alignement intérieur ou extérieur, (fig. 47) en vue d'une finition ultérieure. Cette méthode, qui pouvait se justifier lorsque la maison en bois rond était construite de petits billots sans bouvetage latéral, étoupée et recouverte d'un second mur à ossature, nous apparaît aujourd'hui sans fondement. De plus, elle n'était pas sans danger, car sans le support de ce parement, les murs extrêmement lourds d'une maison en bois rond auraient pu chasser l'un de ses billots composants et le sortir du carré.

Nous limiterons donc notre étude à l'alignement central. Il existe plusieurs techniques pour ce faire. Certains aimeront planter une borne repère d'une dizaine de pieds de haut (3 mètres), située à environ 20 pieds (6 mètres) de chacun des coins. Ces bornes alignées sur le centre du solage permettent de trouver facilement et rapidement à l'œil, le centre du billot après qu'on y ait effectué les emboîtures préliminaires. D'autres utiliseront les services d'un compagnon qui tiendra un niveau, à l'une des extrémités, à la verticale avec le centre du solage, tandis qu'eux feront de même à l'autre bout. Chacun déplaçant une extrémité jusqu'à ce que, d'un commun accord, ils en aient trouvé le centre. (fig. 40)

Il arrivera fréquemment, lorsque le billot est courbe, qu'on doive tasser une des extrémités ou même les deux à l'intérieur. Mais jamais à un point tel que l'esthétique des coins ait à en souffrir. Mais si tel est le cas, il sera alors préférable de couper cette bille et de l'utiliser en sections.

• Utilisation des billots courts

Peu de gens, demeurant à l'est du continent américain, ont la chance de se procurer suffisamment de beaux billots, pour construire tout un carré, sans pratiquer aucune ouverture durant son érection. Les billots trop courts devront être tronçonnés et bien souvent, on devra commander dès le départ des billots plus courts que la distance du carré, faute d'approvisionnement en longs billots.

Si le plan de la maison est déjà établi (le contraire serait regrettable) et qu'on ait choisi la dimension et l'emplacement des portes et fenêtres, il est possible d'utiliser de courtes pièces de bois. Ces pièces devront être alignées comme si elles ne faisaient qu'une, tout en respectant la forme originelle d'un billot en diminuant graduellement le diamètre pour passer de la plus grande extrémité à la plus petite. La distance entre chacune des pièces devra être inférieure à l'ouverture projetée, le surplus de bois nous permettant une coupe finale d'un seul trait pour toute l'ouverture.

Mais il n'est pas facile de faire tenir ces sections en place sur le carré pour y effectuer notre tracé au compas. On peut, bien sûr, clouer une série de planches de chaque côté du mur, y insérer les billots, les soulever pour y placer des blocs qui les tiendront à une distance égale de la bille sous-jacente et utiliser le compas. Mais ce travail serait à recommencer chaque fois qu'on utilise un billot plus court que les autres.

Aussi est-il préférable de se *construire* dès le départ des outils qui nous faciliteront le travail. Le dispositif le plus simple à réaliser est fait en bois. Il s'agit de petits chevalets qu'on place sur une portion de mur déjà érigé et sur lesquels on dépose la pièce de bois que l'on veut tracer. (fig. 48B et 76) Son désavantage est qu'il faille le construire en fonction du plus large des billots si on ne veut pas en assembler un nouveau à chaque occasion ; ce qui fait que lorsqu'il chevauche un billot de dimension moindre, on doit le coincer solidement pour qu'il reste en place. De plus, il est encombrant et plus fragile que le modèle en métal.

Ce deuxième modèle, plus sophistiqué, a l'avantage d'être ajustable, démontable, léger et très solide. (fig. 48A)

Quel que soit le stabilisateur employé, chaque section de billot utilisée au centre du carré en demande deux. Il est donc préférable d'en bâtir une demi-douzaine, ou à tout le moins, quatre, les billots s'appuyant sur les coins ne nécessitant qu'un chevalet.

Le bouvetage terminé, il est prudent de fixer temporairement ces pièces en place à l'aide de baguettes et de clous. Si la portion de mur construite avec des sections de billots est élevée, il serait bon de l'étayer avant que son poids ne la fasse basculer. (Voir fig. 77a)

Figure 48 a

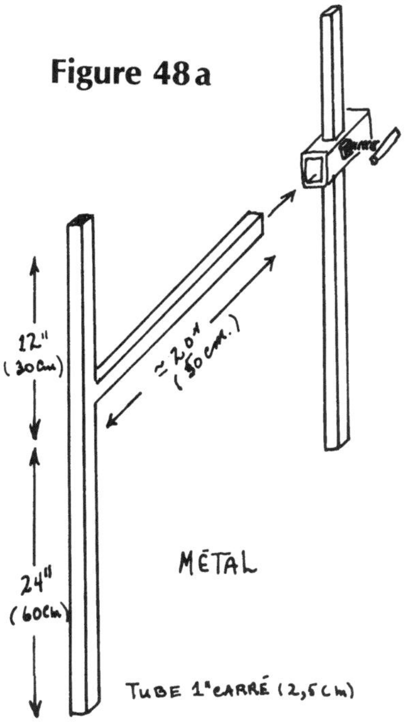

Figure 48 b

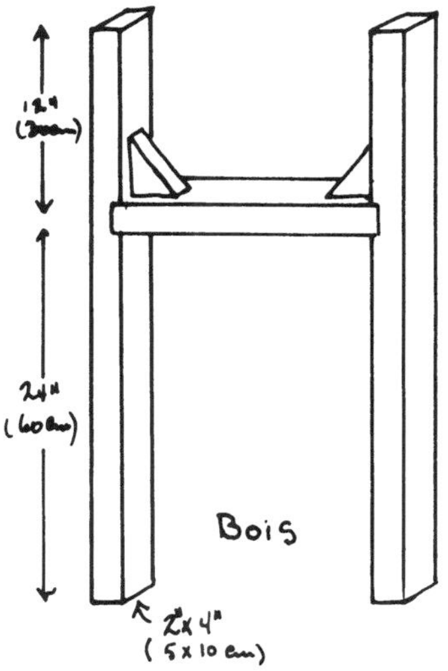

PORTES ET FENÊTRES

Les maisons de bois rond ont pour caractéristique première de s'affaisser en séchant. Le diamètre de chacun des billots diminuera en moyenne de ¾ de pouce par pied (1 cm sur 15). Cette perte de volume s'échelonne sur une période de 2 à 5 ans, selon la date de coupe de billot et l'intensité du chauffage durant les saisons froides. Un carré d'une hauteur de 8′ (1m,50) s'affaissera de 6″ (15 cm) en quelques années.

Une erreur fréquente est d'interférer dans ce processus d'affaissement en clouant les jambages latéraux des portes et fenêtres aux billots constituant le carré. On empêchera ainsi les billots de descendre naturellement et de se tasser les uns sur les autres et on espacera les latérales, détruisant du même coup leur utilité. Dans la même veine d'hérésie, on pratique les ouvertures à la hauteur exacte des portes et fenêtres qu'on veut y encastrer, oubliant que le billot qui les surplombe ne pourra plus descendre et qu'il se verra séparer à court terme du billot sous-jacent.

La technique scandinave a remédié depuis des siècles à cette situation. Le principe est simple, si la maison veut s'affaisser, eh bien, offrons-lui la possibilité de se tasser sur elle-même; les bouvetages n'en seront que plus étanches et l'habitation plus chaude. Pour ce faire, on creusera de chaque côté de l'ouverture une coulisse dans laquelle on insérera une clavette qui retiendra les billots en place latéralement, tout en leur permettant de sécher et de suivre le mouvement du carré vers le bas. C'est sur la clavette et seulement sur la clavette, qu'on fixera portes et châssis. Cette méthode implique également, qu'on laisse un espace au-dessus des portes et châssis, entre le linteau et la bille qui le surplombe, permettant ainsi à cette dernière de suivre la descente du carré sans venir écraser l'encadrement.

• À quelle hauteur situer les têtes d'ouverture?

Dans une maison à ossature de bois, la hauteur des ouvertures est clairement indiquée et elle est standard. Dans une bâtisse en bois rond, la tête d'une ouverture se situe idéalement à mi-bois de la bille qui surplombe le linteau, et la distance qui la sépare du plancher est supérieure à la hauteur standard requise.

Portes (fig. 49)

Prenons le cas d'une porte de 81″ de haut (205cm), boîte comprise. Le mur qui se situe de chaque côté de celle-ci s'affaissera de ¾″ au pied (1cm sur 15″), ce qui signifie qu'il descendra de (7′ × ¾″ = 5″) cinq pouces. Notre ouverture devrait donc être de (81″ + 5″ = 86″) quatre-vingt-six pouces. À cette dernière mesure il faut encore ajouter un pouce pour clouer la boîte d'isolation (voir plus loin). Ce qui nous amène à une hauteur finale de 87″ (2,20m) qui, telle que déjà mentionnée, devrait se situer à mi-bois d'un billot. C'est un peu beaucoup rêver en couleur.

Le centre du billot est une mesure idéale, souvent fictive lorsqu'il s'agit de gros billots. Elle se justifie par un souci de solidité, tout particulièrement lorsque le carré doit être démantelé et remonté ailleurs; elle offre une protection adéquate contre les intempéries, faisant fonction de larmier, auquel il est bon d'ajouter une rainure en sous-face pour empêcher toute infiltration d'eau; et finalement elle procure une

Figure 49

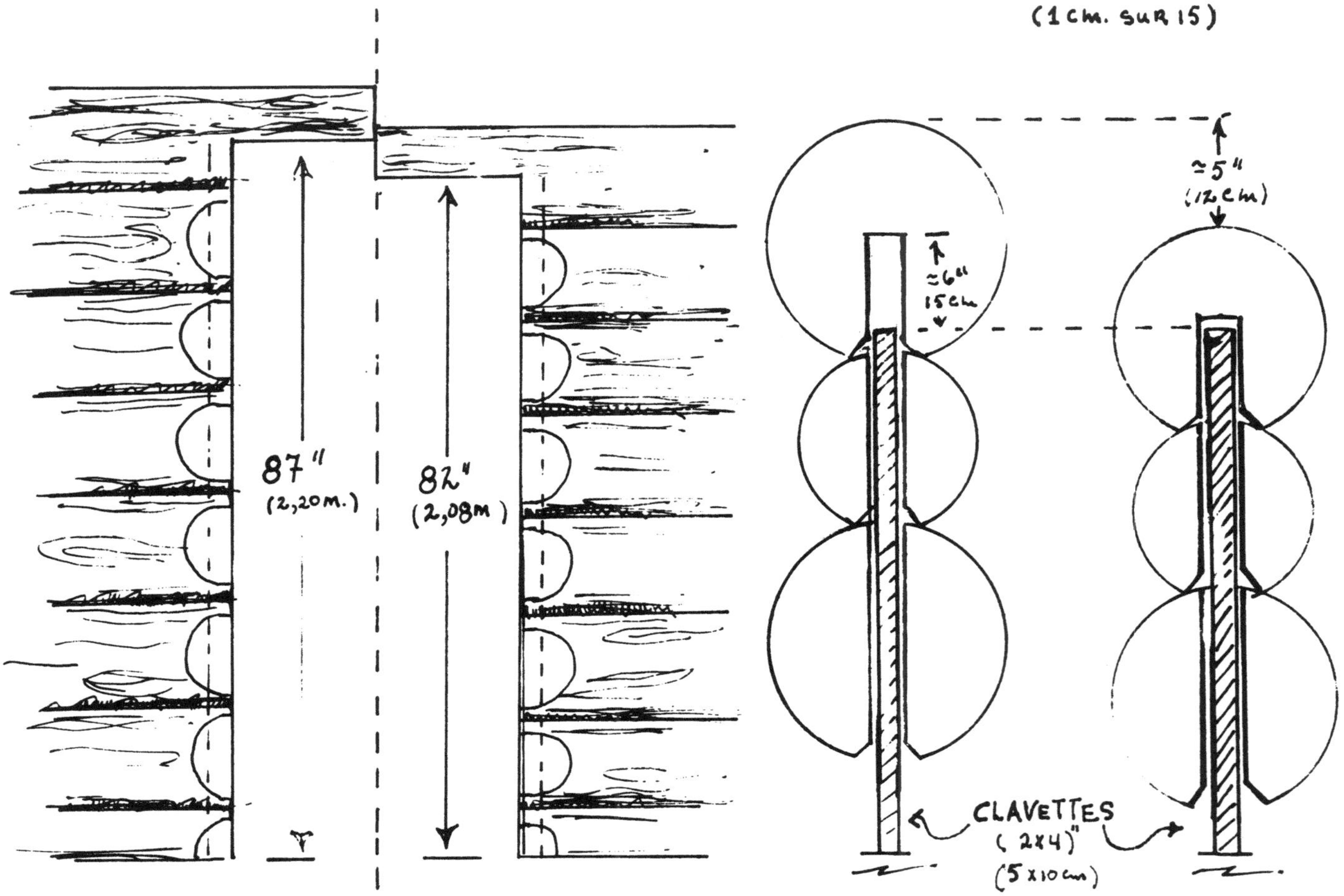

bonne surface de clouage pour y construire une boîte qui servira à emmagasiner l'isolant dans l'espace d'affaissement (voir isolation des espaces d'affaissement figure 58).

Si ces critères de solidité, de protection contre les intempéries, de surface de clouage et d'espace d'affaissement adéquat sont respectés, et si le billot employé est de bonne taille, la ligne médiane n'est qu'un guide qu'on peut allègrement mettre de côté.

D'autre part, si ces critères ne sont pas respectés, il ne faudra pas craindre d'augmenter l'espace d'affaissement, ni même de diminuer la hauteur de la porte.

Fenêtres (fig. 50)

Sur une même façade, le coup d'œil exige qu'on enligne les têtes des portes et fenêtres. Prenons le cas d'une fenêtre mesurant 4' (1,2m) de haut. Si on calcule l'espace d'affaissement (4 X ¾) et qu'on ajoute 1" (2,5cm) pour le clouage, on obtient une ouverture de 48" + (4 X ¾ + 1") = 52" cinquante-deux pouces; soit 3" (7,5cm) d'affaissement, + 1" de clouage. La tête étant située à la même hauteur que celle de la porte 87" (220 cm), la base sera donc à 87-52 = 35" (89 cm) trente-cinq pouces du plancher.

À première vue, ce calcul semble faux. Sachant pertinemment que la bille située à 87" s'affaissera de 5", il semble à craindre que celle-ci vienne s'écraser sur la fenêtre, où nous n'avons laissé que 3" de jeu pour l'affaissement. Mais c'est oublier que la portion de mur de 35" (89 cm), située sous la fenêtre s'affaissera, elle aussi, de (3 × 3¾ = 2") (= 5 cm) compensant ainsi pour la différence observée plus haut. Si ce calcul des ouvertures est effectué sur plan, avant même qu'on érige les murs, il est possible de s'arranger pour que la base des ouvertures se situe également à mi-bois dans un billot.

Vérifiez toujours les mesures standard employées dans votre région, elles peuvent varier.

Figure 50

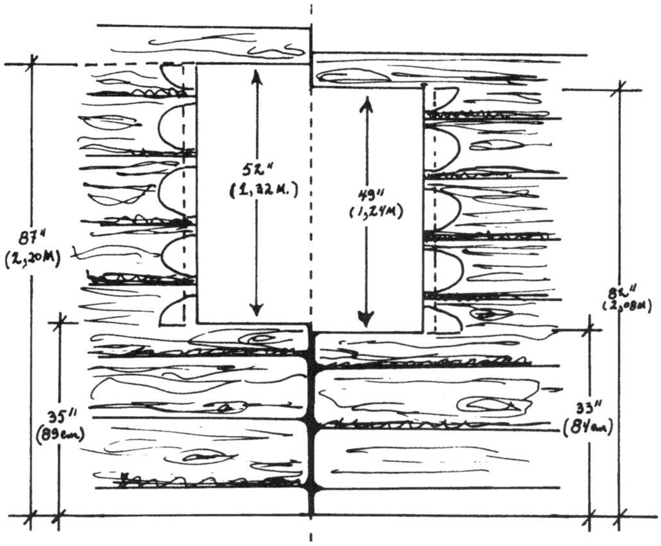

• À quel moment pratiquer les têtes d'ouverture

On croit généralement que la méthode la plus simple consiste à construire un carré de bois rond au complet et à y pratiquer les ouvertures par la suite. Cette croyance populaire est acceptable si on s'en tient à la coupe latérale des ouvertures, mais lorsqu'on s'attaque à la partie supérieure, les rêves s'envolent, les yeux se remplissent de brin de scie, et le dos doit se soumettre à des acrobaties qui ne sont pas sans douleurs et sans dangers. De plus, les résultats obtenus sont habituellement très décevants. La coupe est irrégulière et rarement de niveau. Il faut alors y remédier en sablant, coupant au ciseau ou à la hache, et dans les meilleures conditions, s'attendre à perdre une journée de travail de finition fastidieux. Alors qu'il est tellement plus facile et plus simple de tracer les têtes d'ouverture au moment où on atteint la hauteur désirée, de retourner le billot sur le carré, (de le descendre sur des chevalets si on possède la machinerie adéquate) et d'effectuer notre travail en toute quiétude.

Tracé (fig. 51)

Idéalement le billot désigné devrait faire partie d'une rangée de nombre pair (la 8e, la 10e, la 12e...) (section Construction des murs-choix des billots fig. 19) et être de niveau sur le dessus, (voir technique illustrée pour la pose de la sablière, fig. 71).

Après avoir ajouté à la hauteur standard l'espace d'affaissement requis, on reportera cette distance, sur le dernier billot mis en place, à partir du plancher ou de la sous-face de la lisse, si le carré est bâti hors site. Dans ce dernier cas, nous suggérons de glisser un niveau sous la lisse, d'y appuyer le bout du ruban à mesurer et d'inscrire la distance à chaque coin et au centre (de chaque côté de la bille). Faire une marque au crayon indélébile et planter un petit clou. Utiliser le cordeau et tracer une ligne de chaque côté du billot. Avant de le retourner, situer exactement le centre des ouvertures, en se servant comme point de départ du centre d'un des murs qui lui fait angle.

Pour déterminer la largeur exacte d'une ouverture, il faut tenir compte de la dimension de la fenêtre ou de la porte, de l'épaisseur de la clavette et d'un espace de jeu d'environ ½" (1,25 cm) pour faciliter la pose. Le calcul effectué, la distance est reportée sur le billot, qui est ensuite retourné sur place, et les têtes sont prêtes à être facées tel qu'enseigné aux figures 7, 8, 9.

On en profitera pour creuser immédiatement le haut de la coulisse qui permettra à la clavette de poursuivre son chemin jusqu'à la tête de l'ouverture. Cette courte section devrait être plus large que nécessaire pour éviter toute retouche lors de la coupe finale de l'ouverture car à ce moment on devra travailler avec le bout de la scie s'exposant à de dangereux reculs.

Figure 51

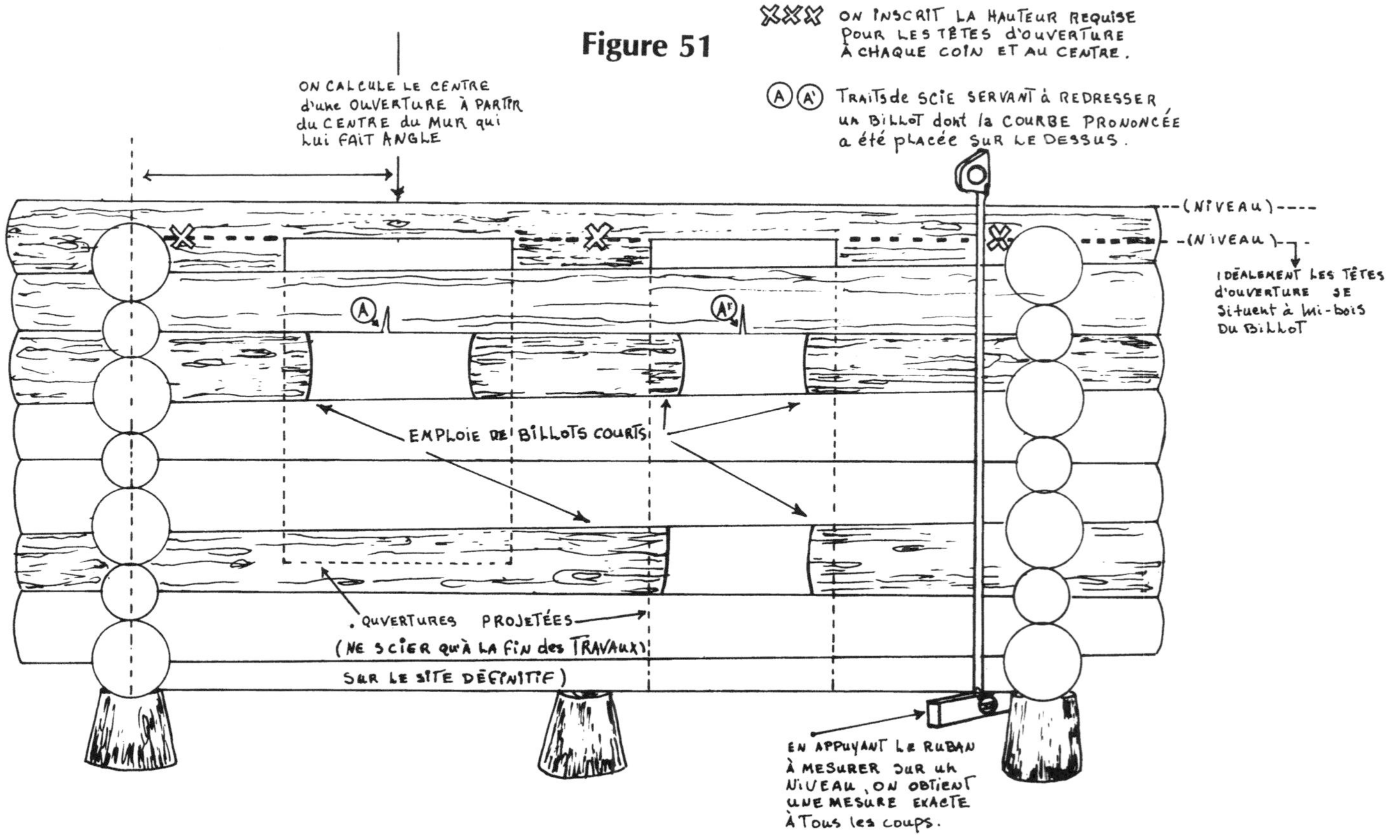

• Coupe latérale des ouvertures

Tous les calculs ayant déjà été effectués lors de la coupe des têtes d'ouverture, il suffit maintenant de tirer deux lignes verticales de chaque côté de celle-ci. (fig. 51 ouvertures projetées) Une planche bien droite, un niveau et un crayon feutre vous tireront d'affaire. Certains préféreront employer la ligne à plomb ou le niveau de maçon. Quoi qu'il en soit, si vous devez scier les côtés de l'ouverture à main levée, assurez-vous de tracer une ligne de chaque côté du mur. Placez une personne de l'autre côté qui pourra vous avertir si vous quittez votre tracé. Sciez à l'intérieur de la ligne, celle-ci doit toujours demeurer apparente, c'est votre point de repère. Employez une chaîne neuve que vous garderez de côté pour toutes les coupes de finition.

Pour faciliter votre travail, il existe sur le marché une variété de petits moulins ou « mini mills », un accessoire que l'on attache à la scie à chaîne et que l'on fait glisser le long d'une

Figure 52

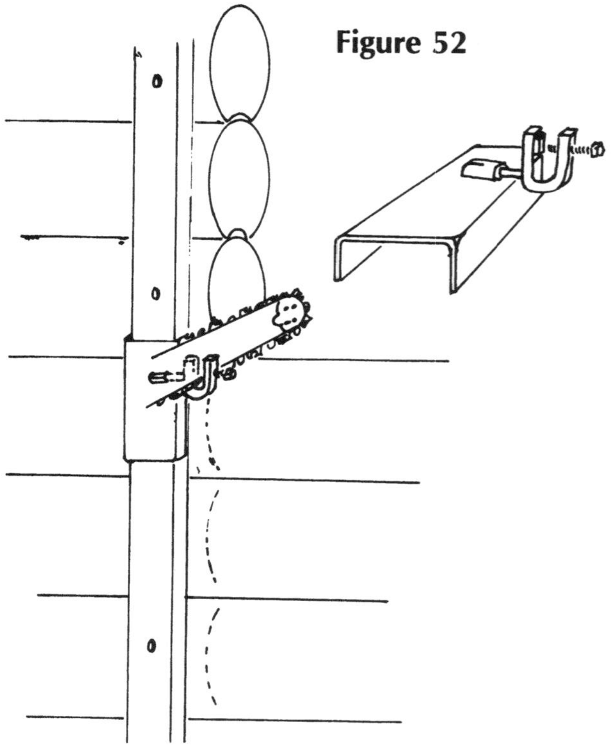

pièce de bois de dimension, (habituellement un 2 × 4), fixée le long du tracé perpendiculaire. (fig. 52) Ce petit outil peut être utilisé par un homme seul et assure une coupe parfaite à tout coup. On peut également clouer un madrier de chaque côté du mur et employer une lame munie de blocs de bois. (fig. 53) (Voir également fig. 4)

Si le carré est construit hors site et que l'on désire effectuer cette coupe avant le déménagement, on devrait quand même éviter de tronçonner la 1ière bille du carré. Cette précaution vous évitera de sérieux maux de tête lorsque vous placerez votre première rangée de billots sur le solage.

Figure 53

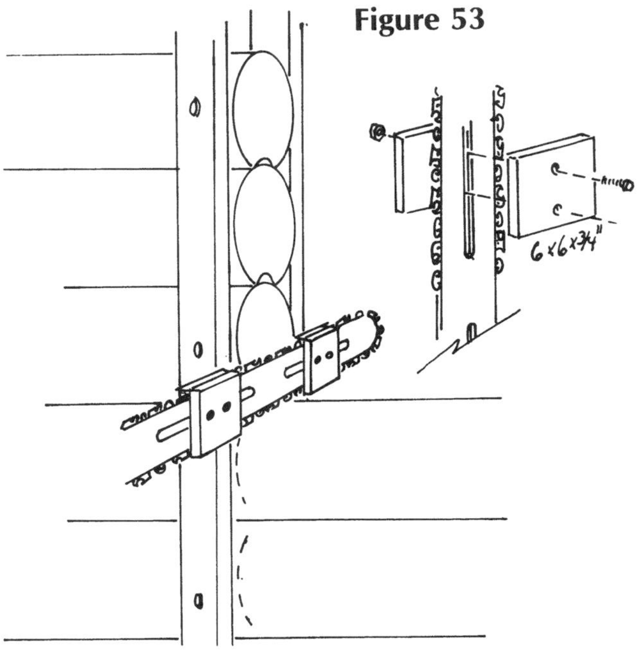

• Coulisse (mortaise) et clavette

Coulisse, préparation.

On trace au niveau une ligne verticale au centre des côtés de l'ouverture. (fig. 54) De chaque côté de cette ligne, on effectue un nouveau tracé à une distance équivalent à un peu plus de la moitié de l'épaisseur de la clavette. Ces deux lignes, à l'intérieur desquelles on effectuera notre coulisse, devront être visibles sur

Figure 54

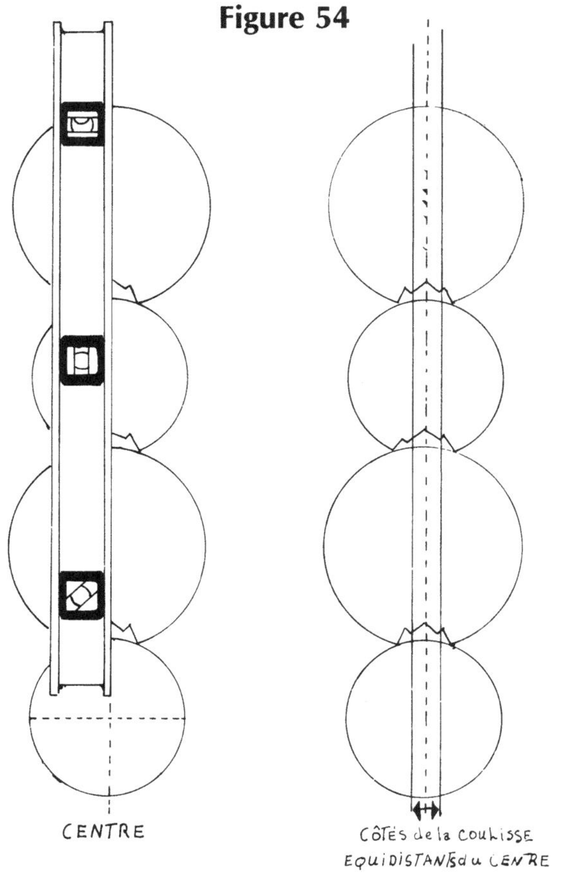

Figure 55

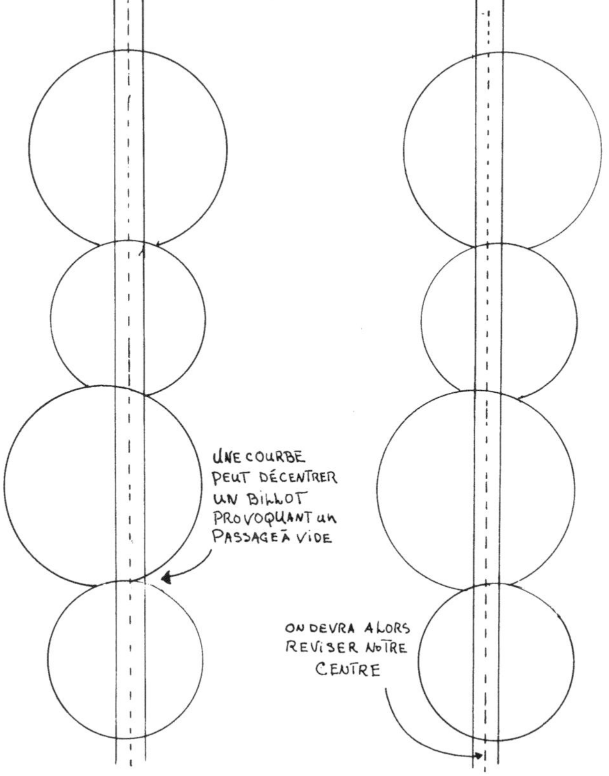

toute leur longueur. S'il vous arrive de faire un passage à vide, (fig. 55) révisez immédiatement le tracé du centre et déplacez légèrement votre niveau jusqu'à ce que vous trouviez une médiane qui vous laisse suffisamment de bois de chaque côté pour y creuser une mortaise.

La plupart des constructeurs utilisent un 2 X 4 en guise de clavette. Cette pièce de bois mesure en réalité 1 ½" X 3 ½". La mortaise appropriée aura donc 2" X 4" nous laissant suffisamment de jeu pour enrober la clavette de laine minérale avant de la glisser en place.

Coupe (fig. 56)

La mortaise se creuse facilement à la scie à chaîne. On effectue, à l'intérieur des lignes déjà tracées, deux traits, à angle droit avec les côtés de l'ouverture. Ces traits ont environ 6 à 8 pouces (15 à 20 cm) de profondeur. Tracez une ligne repère sur la lame de votre scie à l'aide d'un crayon feutre. Prenez garde de bien diriger votre lame dans les passages étroits, une coupe trop oblique vers l'extérieur de la mortaise et vous traverserez le mur.

Pour évider la mortaise, on pratique deux autres traits de scie le long des lignes parallèles, mais cette fois-ci dirigés vers le coin intérieur

Figure 56

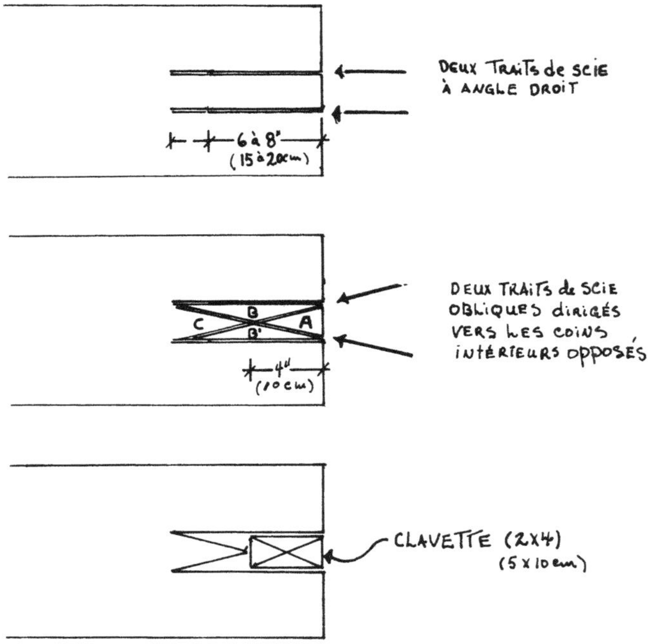

opposé et se rejoignant à environ 4" (10 cm) au fond de celle-ci.

Les pièces de bois en A tomberont d'elles-mêmes. En B et B", il est souvent nécessaire de reprendre une des coupes. Si on n'obtient pas la profondeur désirée, on devra amincir en C; c'est un travail dangereux, faites attention au recul de la scie, évitez de vous placer face à votre ouvrage.

Clavettes, différents types

Une clavette est une pièce de bois ou de métal qu'on insère dans la coulisse et sur laquelle on fixe les jambages de porte ou fenêtre. Elle retient les billots enlignés, empêche tout mouvement latéral, tout en leur permettant de glisser librement et de se tasser les uns sur les autres, le temps que dure le séchage de la maison. On peut y clouer un faux cadre, de même largeur que la dimension finie de la fenêtre. Cette précaution solidifie la clavette, facilite la pose de la fenêtre ainsi que l'isolation de son pourtour. (fig. 57A)

La pose de jambages latéraux fixés à la clavette a amené bon nombre de constructeurs à troquer le 2 X 4 pour un fer angle (en forme de T) de 3" par 1 ½" (7,5 cm X 3,8 cm). Le fer est inséré et vissé dans une rainure pratiquée sur la face interne du faux-cadre (fig. 57D). La mortaise s'en trouve simplifiée: un seul trait de scie suffit.

Si on craint pour la solidité des murs situés entre deux ouvertures, on les solidifiera en les chevillant à l'aide de goujons d'environ 2 pieds (60 cm de long) répartis de chaque côté de celles-ci. Plus que toute autre, la clavette en fer angle nécessite ce genre de précaution.

Si on construit soi-même ses portes et fenêtres, on peut se servir du faux-cadre comme boîte de porte ou de fenêtre. Employez alors une pièce de bois plus épaisse que celles de dimension normale. Une pièce de trois pouces (7,5 cm) rencontre les critères d'esthétique et de solidité recherchés (fig. 57E). Pour en faciliter la pose, le linteau sera fixé aux jambages à l'aide de chevilles, une fois ceux-ci en place.

Figure 57

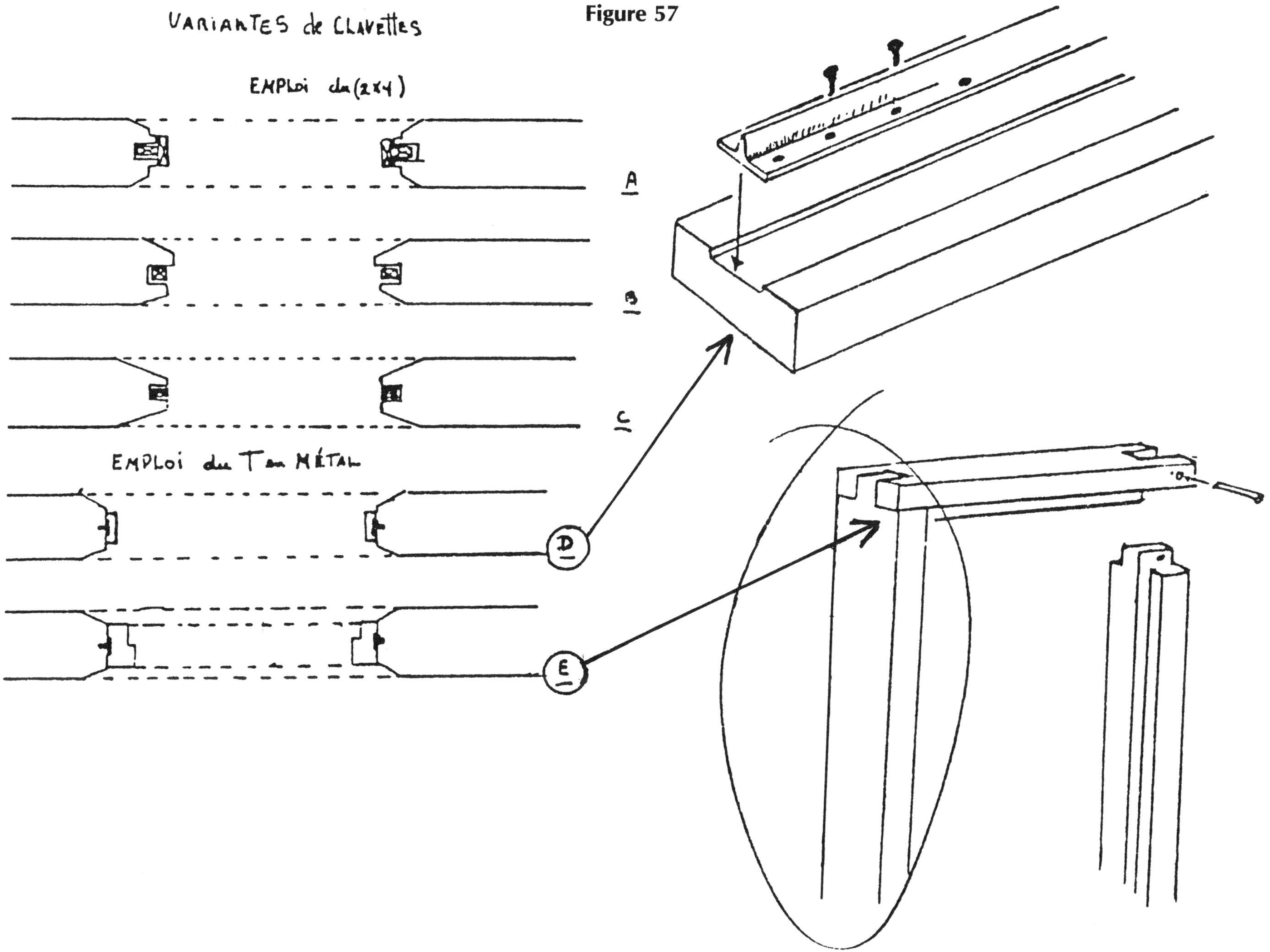
VARIANTES de CLAVETTES
EMPLOI du (2x4)
A
B
C
EMPLOI du T en MÉTAL
D
E

• Isolation des espaces d'affaissement

La laine minérale semble tout indiquée pour isoler ces espaces; en effet, elle est compressible, peu coûteuse et facile d'emploi.

Pour protéger cet isolant des intempéries et lui offrir par la même occasion un support qui puisse le tenir en place, il faut construire une boîte dans laquelle viendra coulisser la porte ou la fenêtre, à mesure que le mur s'affaissera. On fixera donc à la face sous-jacente du larmier, une pièce de bois de largeur égale à la dimension finie de la porte (soit la largeur de la boîte, plus l'épaisseur de la boiserie de finition qui peut jouer de 3/8" à ¾" (1 à 2 cm) de chaque côté). Cette pièce aura habituellement 1" (2,5 cm) d'épaisseur et sa longueur sera égale à la largeur de l'ouverture. De chaque côté de la pièce, on clouera le sommet des boiseries qui viendront cacher l'espace d'affaissement (fig. 58).

Ces boiseries, qui suivent le mouvement d'affaissement du carré, viendront progressivement obstruer le bon fonctionnement des portes et des fenêtres. Aussi, pour éviter de les changer continuellement, est-il tout indiqué de pratiquer sur leur face interne une série de traits de scie, distancés d'environ ¾" (2cm). Les sillons devront être assez profonds pour permettre d'en détacher une partie à la main, quand le besoin s'en fera sentir. (fig. 58A) Lorsque la maison aura fini de se tasser, ces boiseries pourront être remplacées à loisir par un parement définitif.

Une autre solution, permanente celle-là, consiste à doubler l'espace d'affaissement et à fixer sur le dessus des boîtes de porte ou de fenêtre une pièce de bois ou une boîte de la même largeur que celles-ci et d'une épaisseur égale à la moitié de l'espace d'affaissement. La boiserie qui cache la laine glissera le long de cette pièce de bois sans jamais interférer dans le bon fonctionnement des ouvertures (fig. 58B)

Figure 58

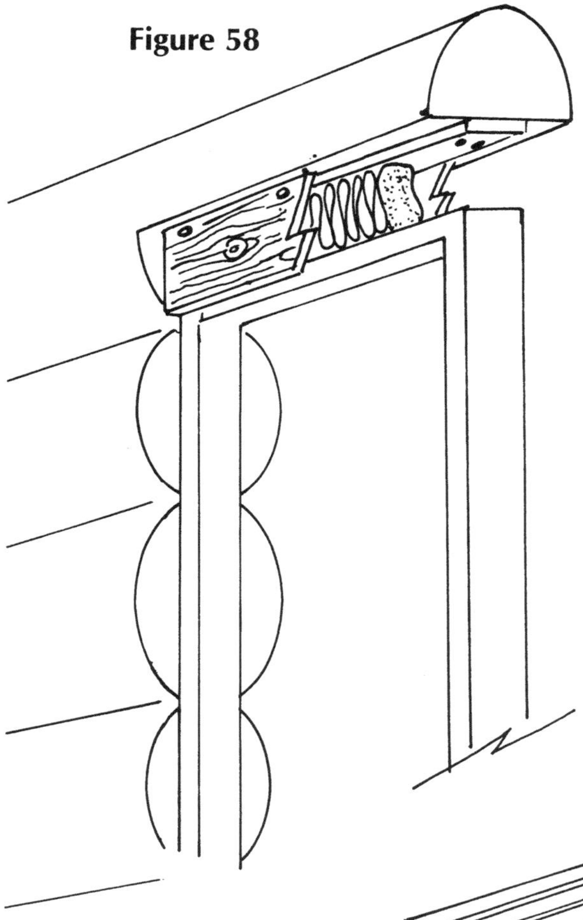

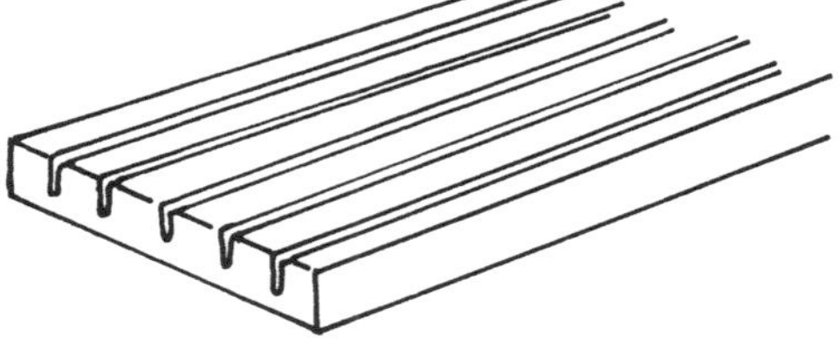

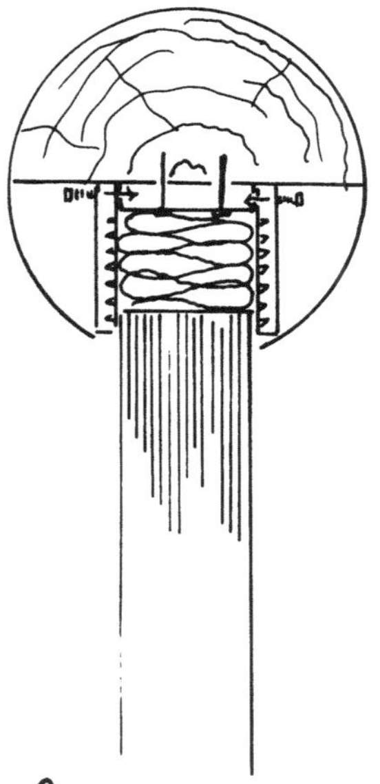

A

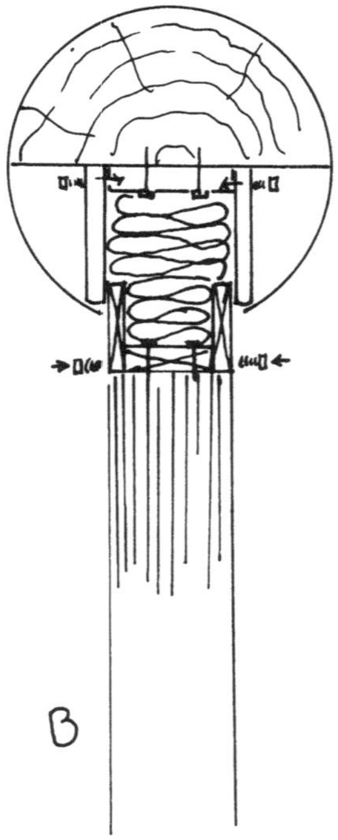

B

MURS D'INTERSECTION (MURS DE SOUTIEN)

Figure 59

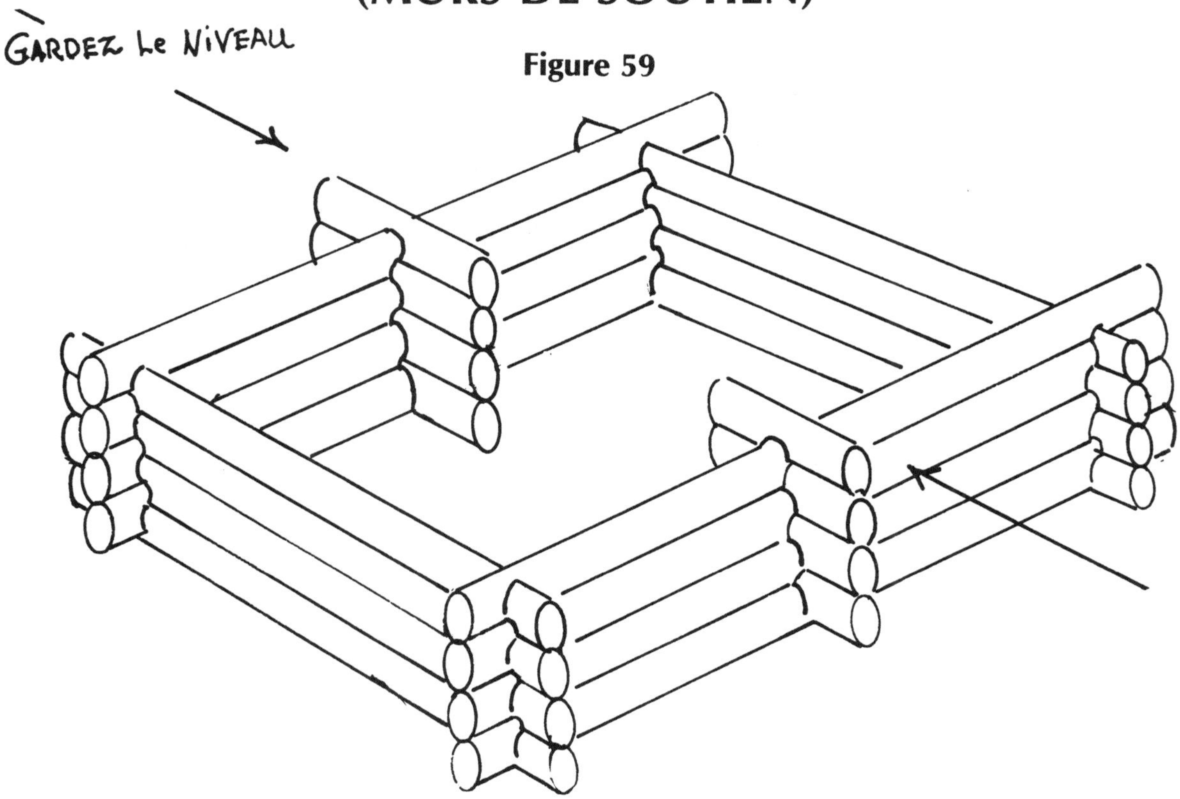

On désigne, par ces expressions, une section de mur qui a pour fonction première de renforcer un mur de plus de 20′ (9,15 m). Construits pour prévenir tout mouvement latéral des billots, ces murs servent également de soutien aux solives maîtresses du plafond (ou du premier plancher) et de support aux fermes de toit. Joignant l'utile à l'agréable, ou peut très bien les utiliser comme point de départ pour la construction d'une porte d'arche. (fig. 60)

Les billots trop courts, les billots croches et mis de côté peuvent être tronçonnés et utilisés pour ce travail. Des «pitounes» de 4 pieds peuvent parfaitement remplir la tâche si vous manquez de bois. Elles ont l'avantage d'être très peu chères. Veillez quand même à employer des billes d'un diamètre similaire à celui des autres murs. Il en va de même pour les murs d'intersection ainsi que pour la poutre centrale (fig. 14); ils devraient toujours être construits un peu plus bas que les murs de coin pour éviter que le billot qui viendra les recouvrir y prenne appui au lieu de porter sur les coins des bâtiments. Pour la même raison, on aura soin de tracer une emboîture préliminaire légèrement plus grande que celles des deux coins. Ces deux précautions vous éviteront de *cointer* le billot à ses extrémités pour éviter qu'il ballotte.

Les portions des murs de soutien se font habituellement face. Il faudra les enligner et travailler les billots comme s'ils ne faisaient qu'un d'un bout à l'autre du carré. Seule l'emboîture recevant de l'isolant, la technique du bouvetage latéral sera la même que celle employée aux

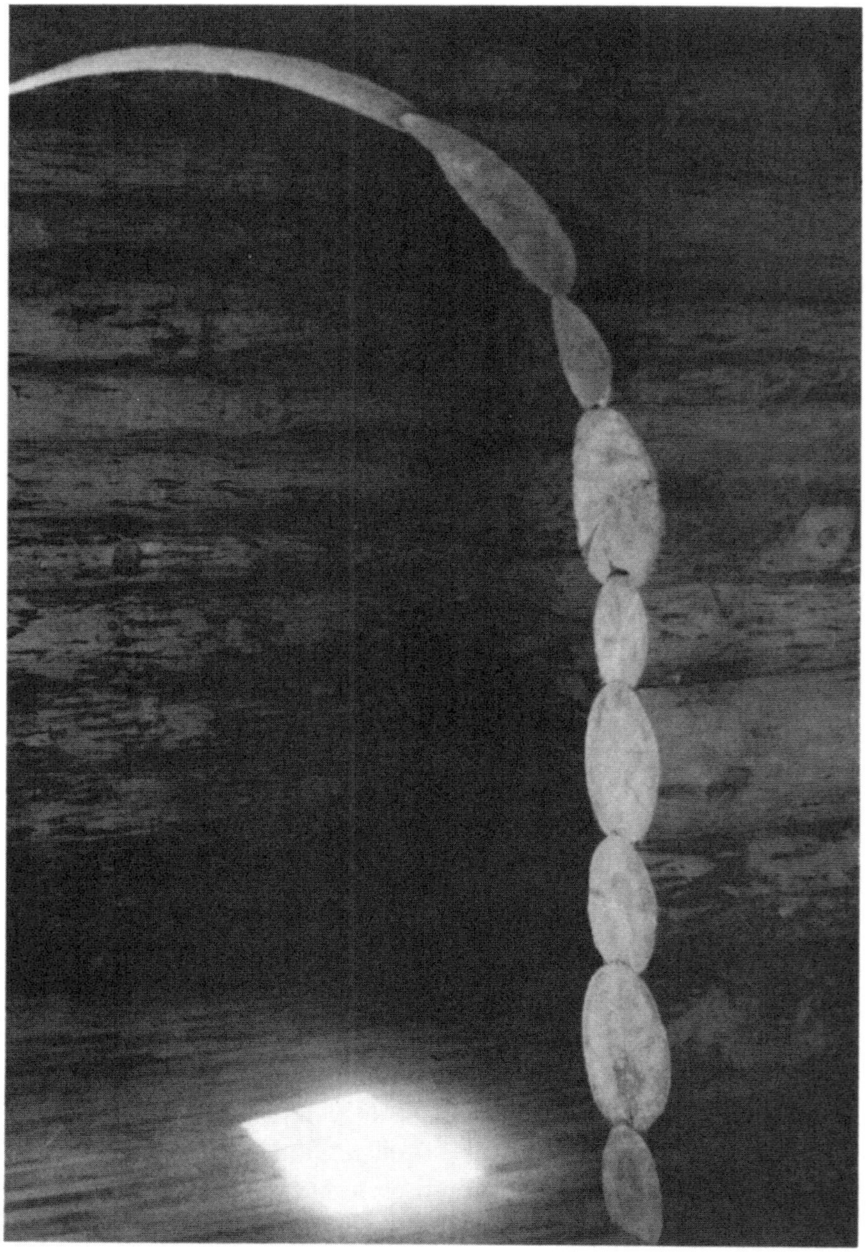

extrémités des billots. (Voir section Évidage de la latérale partie extérieure, fig. 37)

Certains constructeurs contestent l'utilité des murs d'intersection et préfèrent cheviller plus abondamment les murs du carré, alléguant qu'en plus de solidifier le mur, la cheville empêche le billot de tourner sur lui-même; fonction que ne peut manifestement pas remplir le mur d'intersection.

Si vous décidez d'utiliser les goujons, évitez les tiges de métal. Elles sont une damnation lorsqu'on décide d'agrandir une ouverture. Des chevilles de bois franc de 1 ½" en bois sec font amplement l'affaire.

Figure 60

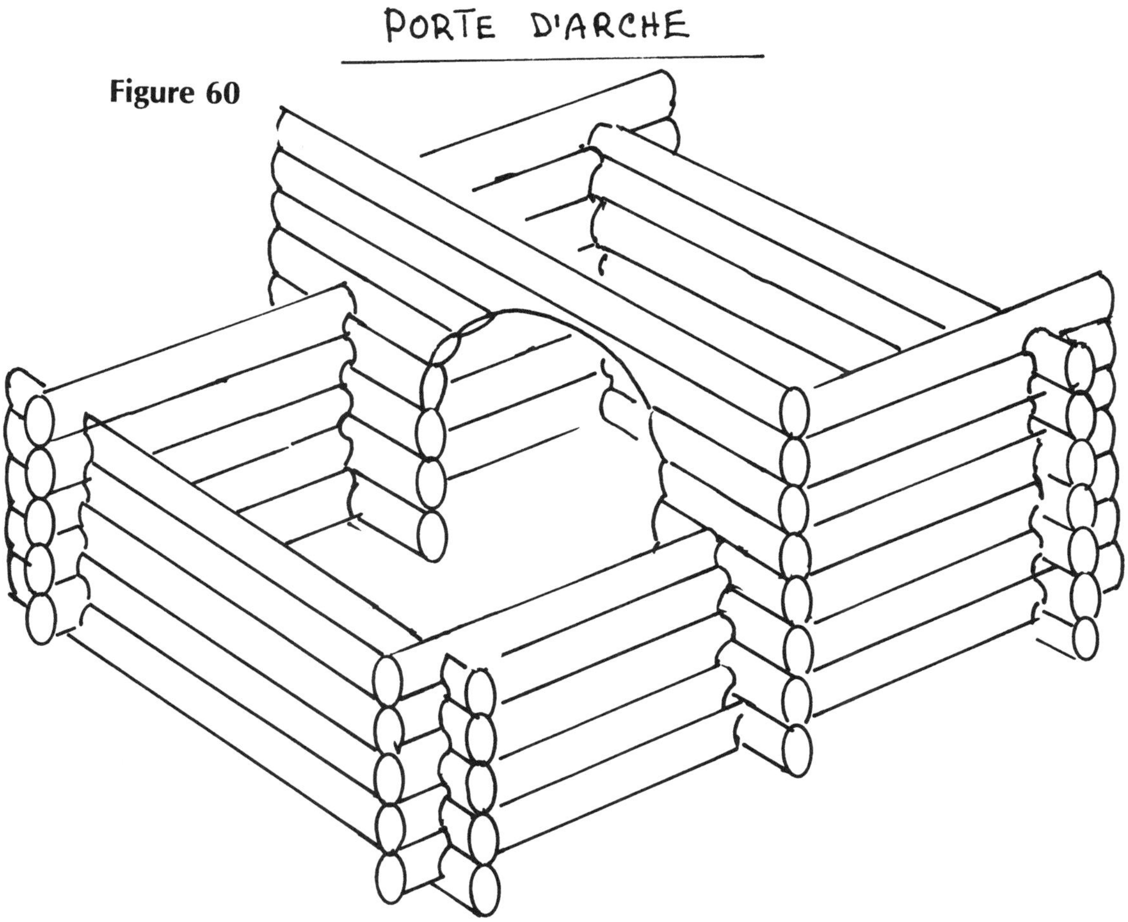

PLANCHER DU PREMIER ÉTAGE

Dans une ère d'économie d'énergie, la maison unifamiale à un seul étage semble un anachronisme de luxe. Pourquoi ne pas se servir de l'espace que nous offre le toit, pour y construire au moins un demi-étage. Nous pourrons alors admirer à loisir l'incomparable beauté d'un toit cathédrale dont la structure, faite de lourdes pièces de bois apparentes, rassure et réchauffe l'âme.

• À quelle hauteur situer les solives

Le plancher du premier étage devrait toujours se situer à au moins 9' (neuf pieds) (2,75 m) du rez-de-chaussée. La lourdeur des matériaux employés justifie cette précaution. La sensation d'être écrasé par un plancher trop bas, a souvent détruit le plaisir de vivre dans une maison en bois rond.

Si nous tenons compte de l'affaissement du carré, le dessus des solives reposera donc à environ neuf pieds et demi (9′ 6″) (2,9 m) du rez-de-chaussée. On calculera la dimension et l'espacement de ces solives en se servant du calcul de la dimension des solives, page 36.

• Comment renforcer les solives

Au chapitre « Plancher du rez-de-chaussée » (fig. 14), les solives étaient munies d'un tenon à chaque extrémité et déposées dans une mortaise. Au premier plancher, les principales poutres devraient chevaucher le carré, comme nous l'avons fait pour la poutre principale du rez-de-chaussée. Ce chevauchement empêche les murs qui se font face de s'écarter les uns des autres. Il permet en outre de prolonger les billots vers l'extérieur et de s'en servir comme assise, pour une galerie, un support de toit, ou toute autre curiosité architecturale que vous désirez exécuter.

Mais en emboîtant ainsi les solives sur le mur, nous les affaiblissons à ce point précis. Deux solutions s'offrent à nous pour contrer le problème : l'encorbellement ou le renforcement de l'emboîture. Ou les deux en même temps si on le veut.

Emboîture barrée

C'est une emboîture ronde à l'intérieur de laquelle on a laissé un tenon pour la renforcer. Pour asseoir cette solive en place, il faudra mortaisé le billot sur lequel elle viendra s'emboîter. La quantité de bois enlevée dans cette mortaise équivaudra à celle laissée dans l'emboîture. (fig. 65)

Le billot servant de solive sera ancré solidement en place à l'aide d'une crampe à billot. La solive devra se situer à l'endroit exact où elle reposera une fois l'emboîture terminée. La surface supérieure du billot devra être approximativement de niveau. Si on doit effectuer une emboîture préliminaire à une extrémité du billot pour en assurer la stabilité et le mettre de niveau, elle devrait être très peu profonde, quitte à relever l'autre extrémité.

Pour éviter de faire face à un problème de recourbe, l'emboîture barrée ne devrait jamais dépasser le milieu du billot sous-jacent. Si c'est impossible, on devra utiliser l'emboîture à double enture (fig. 66, 67). Il est donc préférable d'attendre que toutes les solives soient emboîtées, avant de les facer pour recevoir le plancher. S'assurer que la surface plane ait un minimum de 2″ (5 cm) de large.

Tracé

Après avoir bien fixé le billot, tracez à ses extrémités une ligne de centre verticale. Dessinez au compas, des deux côtés du billot et sous le billot, le contour de la bille sous-jacente. Placez à un niveau à plat, pour garder le plus de bois possible au tenon, et dessinez la ligne horizontale A-A_1.

Reportez A en B et A_1 en C, à l'aide du compas à niveau, en gardant toujours la même ouverture. Utilisez le niveau et tracez deux lignes horizontales en B et en C (fig. 61).

Figure 61

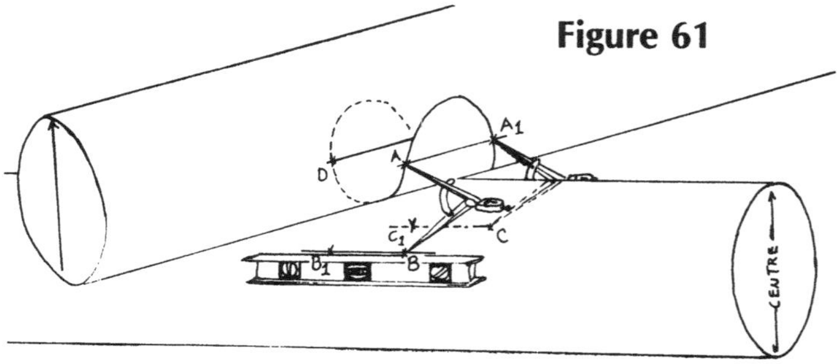

Pour obtenir B_1, placez la pointe sèche du compas sur la ligne tracée en B, gardez vos deux bulles bien au centre, déplacez lentement le compas jusqu'à ce que la pointe du crayon touche le tracé de l'emboîture. Vous obtenez à la pointe sèche, B_1 et à la pointe munie du crayon, D (fig. 62).

Figure 62

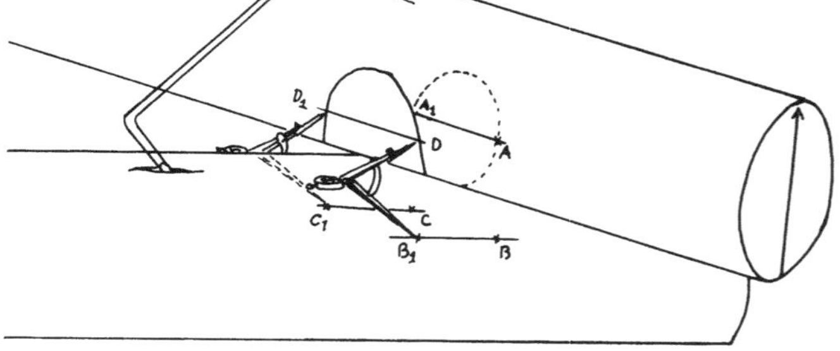

Pour obtenir C_1, tracez D-D_1 au niveau, reportez D_1 en C à l'aide du compas et vous avez C_1 à la pointe sèche (voir N.B.).

Évidage

· Faites faire un demi-tour au billot et fixez-le en place.

· Incisez le tracé de l'emboîture qui va de A à D et celui qui va de A_1 à D_1. Utilisez un couteau ou un ciseau à bois. (fig. 63)

Figure 63

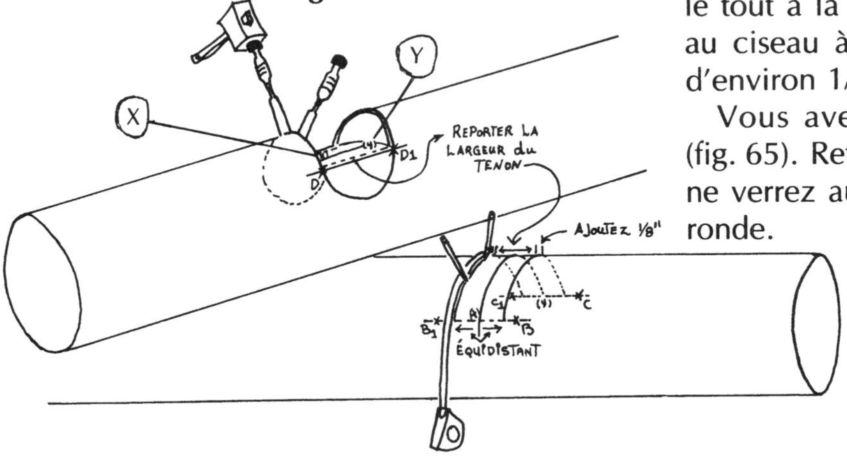

Évidez l'emboîture à la scie à chaîne jusqu'aux lignes A-A_1 et D-D_1. La surface obtenue devra être plate et sans aspérités. Utilisez le lissoir.

Tracez la ligne x-y au centre de cette surface. Ce centre servira de point de repère pour toute correction ultérieure, si nécessaire.

De chaque côté du centre tracez deux lignes parallèles et équidistantes de celui-ci. Il est préférable de tracer les parallèles au moins 1″ (2,5 cm) à l'intérieur des lignes A-A_1 et D-D_1.

Reportez immédiatement ces mesures sur le billot à mortaise. Ajoutez ⅛″ de chaque côté des parallèles pour laisser suffisamment de jeu au tenon.

Pour parachever le tenon, exécutez à l'aide de la scie à chaîne, une coupe en plongée de chaque côté des parallèles à une profondeur égale au tracé du compas. Une seconde coupe en V perpendiculaire à la première et les trois quarts du travail sont faits. Finissez le travail à l'aide d'un ciseau à bois et d'un maillet, c'est reposant. (fig. 64).

Pour confectionner la mortaise, effectuez une série de traits de scie rapprochés, à l'intérieur des parallèles. Évitez d'entamer B-B_1 et C-C_1. Brisez la dentelle de bois avec la lame et brossez le tout à la scie. Nettoyez la surface obtenue au ciseau à bois ou au lissoir et abaissez-la d'environ 1/8″.

Vous avez réalisé une emboîture barrée (fig. 65). Retournez le billot en place, et vous ne verrez aucune différence avec l'emboîture ronde.

Figure 64

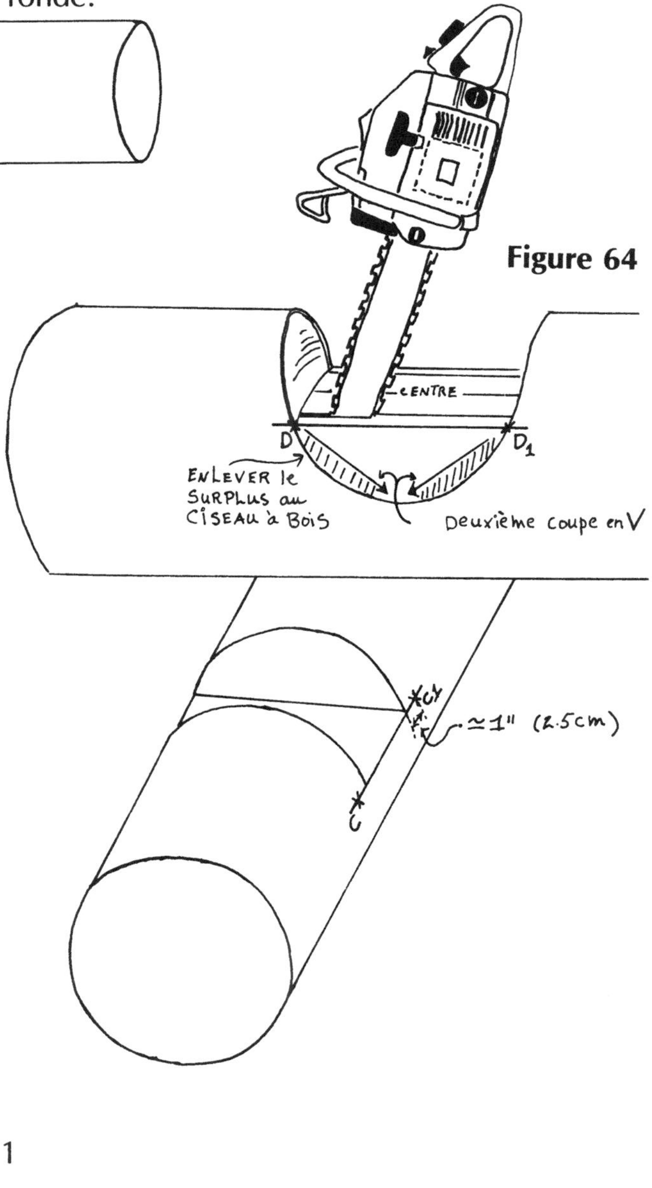

N.B. Le processus peut-être inversé. Placez sur le dessus de la solive un niveau qui reposera à l'horizontale. Calculez la distance qui sépare le dessous du niveau de la ligne A-A_1, reportez cette distance de l'autre côté du billot. Vous obtenez D-D_1. À partir de ces deux points, servez-vous du compas pour obtenir B_1 et C_1.

Figure 65

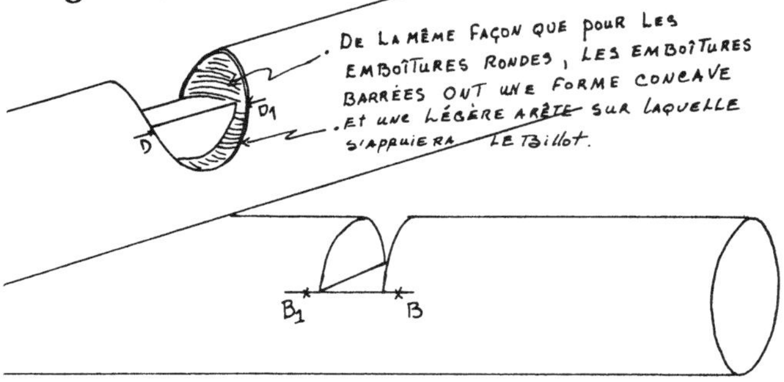

Emboîture à double enture (emboîture carrée)

C'est une emboîture que pratiquent bon nombre de constructeurs en lieu et place de l'emboîture barrée. Rien, si ce n'est une recourbe possible, ne la justifie (fig. 42, 43). Casse-tête permanent pour les débutants, elle a de plus le désavantage de retenir l'humidité à sa base. Par contre, c'est un travail de précision stimulant à accomplir et parfois indispensable à connaître. Ce n'est donc pas une solution miracle. Cette technique se joue admirablement des légères recourbes, mais lorsqu'il s'agit d'enfoncer profondément un billot dans un autre, mieux vaut trouver une autre solution.

Tracé

L'expérience acquise lors de l'exécution de l'emboîture barrée devrait vous permettre de tracer sans difficulté les horizontales A-A_1, D-D_1, C-C_1, B-B_1, ainsi que les sommets de l'emboîture sur le billot supérieur (fig. 66). Il n'est pas nécessaire de compléter le tracé du compas sous le billot.

Pour compléter l'emboîture à double enture, il faut ajouter le tracé au compas du contour de la bille supérieure sur la bille inférieure. Si vous possédez un compas à niveau ajustable,

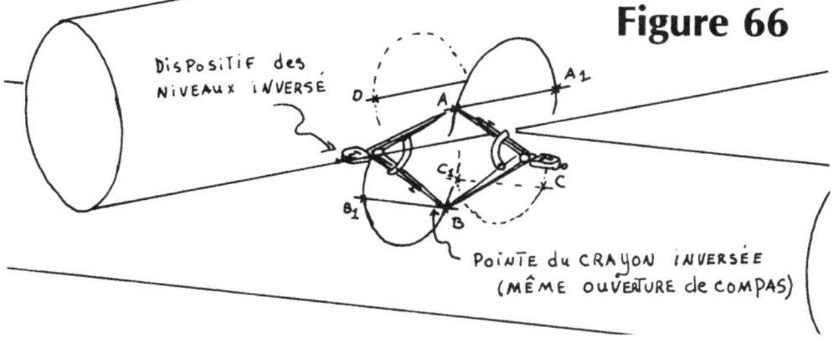

Figure 66

gardez la même ouverture, inversez le dispositif des bulles et ajustez-le. Si votre compas est muni d'un niveau fixe, suivez le tracé de la pointe sèche, et inscrivez au crayon une série de points de repère que vous relierez ensemble par la suite. Ici, aussi, il n'est pas nécessaire de continuer le tracé du compas au-delà des horizontales.

Retournez le billot, tracez une ligne droite (circonférence de la bille) pour rejoindre vos points repères A_1 à D_1. Faites de même pour A-D, B-C, et B_1-C_1. (N.B.)

Utilisez la technique enseignée à la section « Emboîture barrée » pour l'évidage. Le travail terminé, les deux billots se ressemblent à s'y méprendre. (fig. 67)

Figure 67

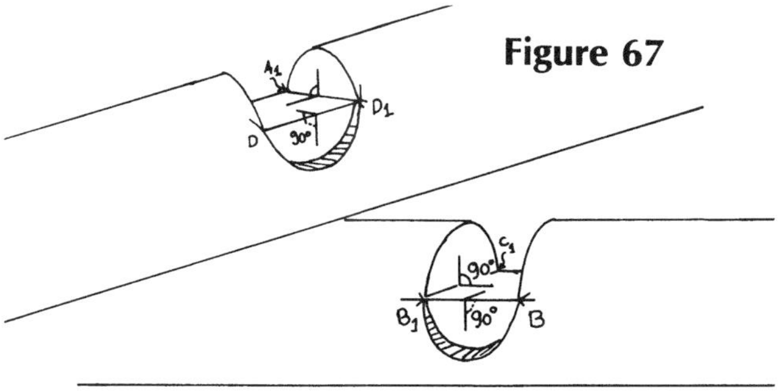

N.B.: Variante

Si vous devez enfoncer plus profondément votre billot, la recourbe sera plus prononcée, et par conséquent plus difficile à cacher.

À ce moment, tracez vos deux lignes droites plus rapprochées l'une de l'autre, à l'intérieur des points repères.

Le résultat final peut paraître un peu fantaisiste (fig. 68), mais personnellement, quelles que soient les circonstances, j'emploie toujours cette variante et je trace mes lignes droites au moins 1" (2,5 cm) à l'intérieur des points repères.

Figure 68

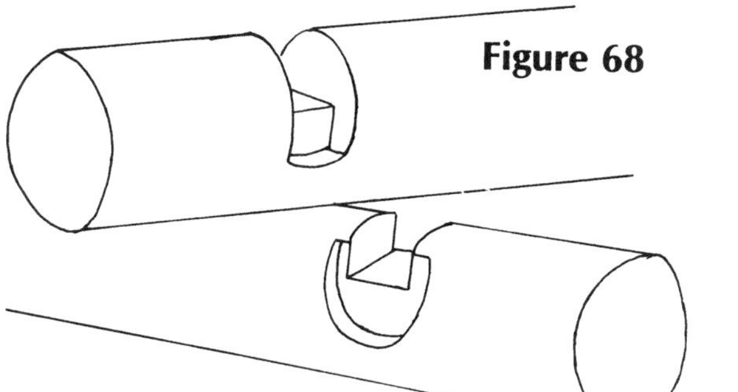

Corbeaux

Le corbeau est une pièce de bois ou un assemblage de pièces que l'on pose sous une solive ou une panne de toit, pour la supporter et la solidifier à son point le plus faible, l'emboîture. Il permet en outre de diminuer la portée de la solive et par conséquent sa grosseur, si on le désire. (fig. 69)

Figure 69

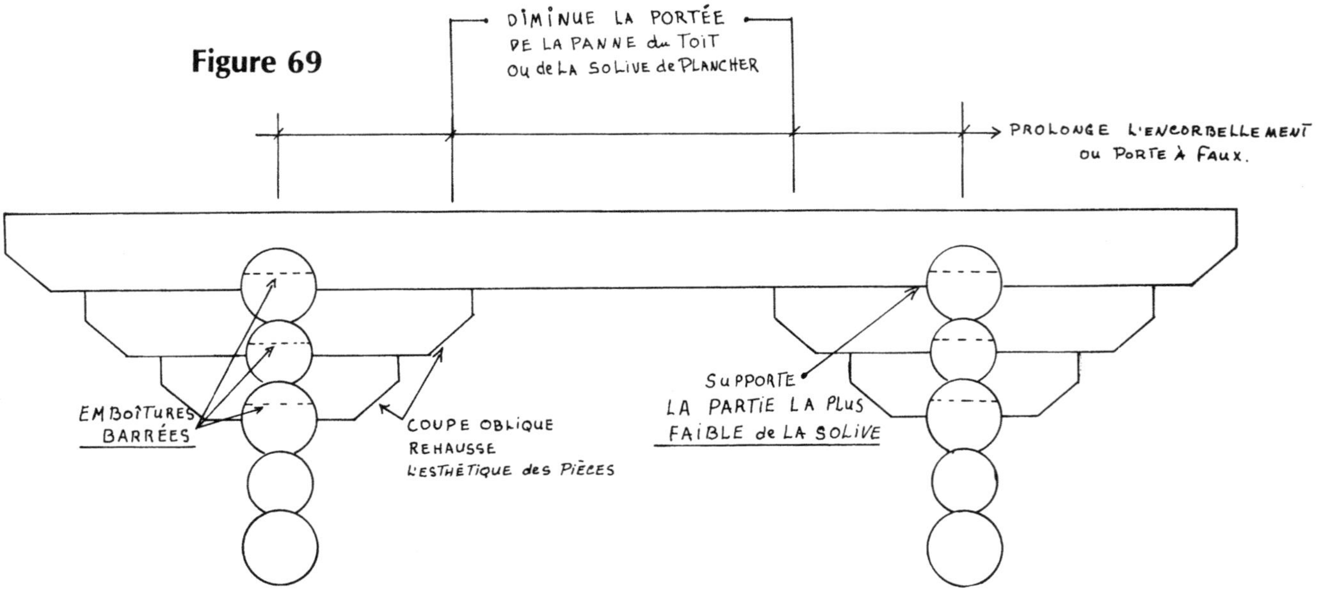

Deux précautions doivent être prises lors de la pose des corbeaux: (fig. 70)

— La première consiste, lors de la construction d'un assemblage, à bien indiquer la fin de course des latérales. Ne jamais dépasser cette ligne à l'évidage. Le corbeau possède sa longueur définitive dès sa pose initiale. Aucune retouche n'est possible.

— La seconde demande que l'on sache la hauteur à laquelle on placera la solive ou la panne et que l'on connaisse également leur diamètre. Placer un corbeau trop haut oblige à creuser trop profondément la latérale de la pièce qui le surplombe, et par le fait même l'affaiblit.

Figure 70

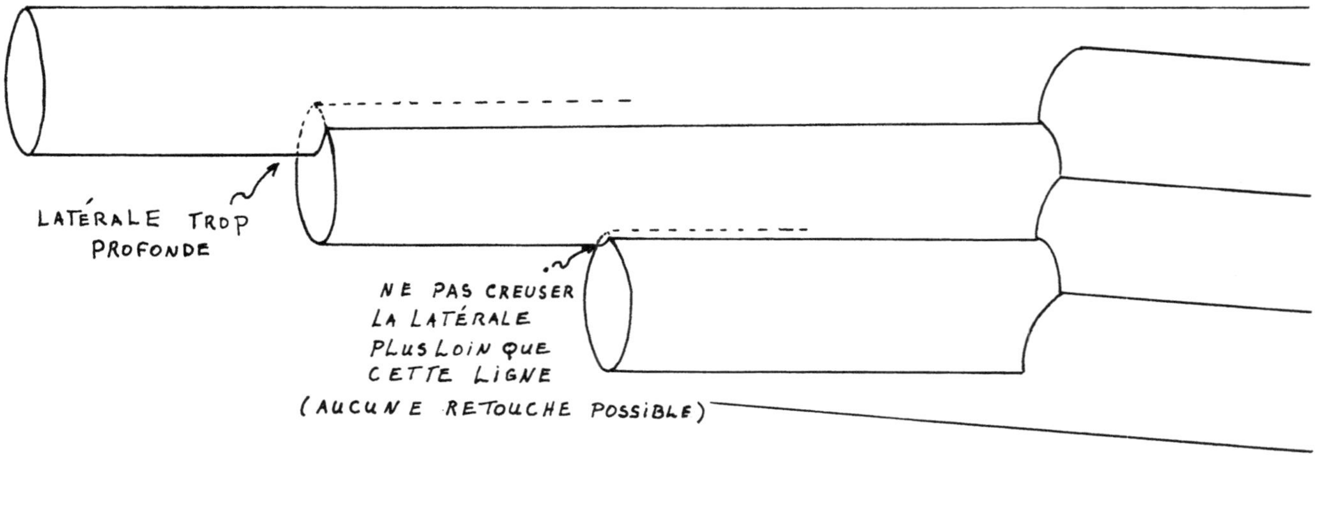

SABLIÈRE

La sablière est la dernière bille du carré et la première de la structure du toit; cette double fonction en fait un billot auquel on doit accorder une attention particulière. Précisons dès maintenant qu'elle ne fait pas nécessairement suite au plancher du 1er étage. Plus on ajoutera de rangées de billots au-dessus de ce dernier, plus on augmentera notre surface habitable. (voir Composantes de la maison, p. 21)

Aussi lorsque le premier plancher est suivi d'un mur nain que rien ne vient solidifier en place, la sablière peut être soumise à une poussée latérale de la structure du toit. Il vaudra mieux la fixer solidement aux rangs inférieurs, à l'aide de chevilles de bois. Des goujons de bois franc d'un diamètre de 1 ¼" (3 cm) et d'une longueur de 2 pieds (60 cm) espacés de 3' (1 mètre) conviennent parfaitement à cette tâche. On verra à ce que les chevilles, surtout si elles sont faites de bois sec, coulissent librement dans le trou de la tarière. Si on emploie des tiges de métal, (qui peuvent être d'un diamètre inférieur), on devra noter leur emplacement pour éviter de les heurter avec une scie lors d'une coupe ultérieure. Graissez les chevilles de métal pour empêcher qu'elles rouillent et contribuent à faire pourrir le bois.

• Pose et préparation à recevoir la structure du toit

Rendu à cette étape, le carré se doit d'être de niveau. Une vérification du niveau à tous les quatre rangs, lors de l'érection des murs, est une précaution qui nous évite bien des désagréments une fois rendu à la sablière.

Quoi qu'il en soit, pour vérifier le niveau, il suffit de poser un niveau de menuisier à cheval sur chacun des coins de la bâtisse. La distance séparant le niveau du plancher ou de la sous-face de la lisse devra être la même pour tous. (fig. 71)

Il est préférable de vérifier cette distance avant même l'emboîture préliminaire des sablières. À ce moment il n'y a que les corrections qui puissent être effectuées. Toute correction majeure aurait dû être prévue et exécutée sur les deux ou trois rangées précédentes pour pouvoir répartir l'erreur sur plus d'un billot.

Assumant que le gros du travail de nivelage a été fait, reportons-nous à l'illustration: les distances A-B-C-D devront être ramenées à une même distance (X) avant le bouvetage final. Supposons que ces distances soient A = 9'10", B = 10', C = 9'11", D = 10'2". Étudions la distance la plus faible des quatre, soit A = 9'10". Soustraite aux trois autres, nous obtenons une différence de 2" en B, 1" en C et 4" en D. On devra donc creuser l'emboîture préliminaire en D de 4" de plus que celle en A. En B et en C, elles seront respectivement de 2" et 1" plus profondes qu'en A.

Une vérification des distances a, b, c, d, nous permettra de connaître l'emboîture préliminaire permise en A. En effet, dans le présent exemple, une distance de moins de 4" en D nous forcerait à relever notre billot en A pour nous permettre de l'emboîter en D.

Il est plus facile de faire face à cette situation si on s'abstient de tracer les deux billots avec la même ouverture de compas. Emboîtons les deux billots séparément en ayant pour objectif immédiat qu'ils soient tous les deux de niveau sans pour autant être à la même hauteur.

Figure 71

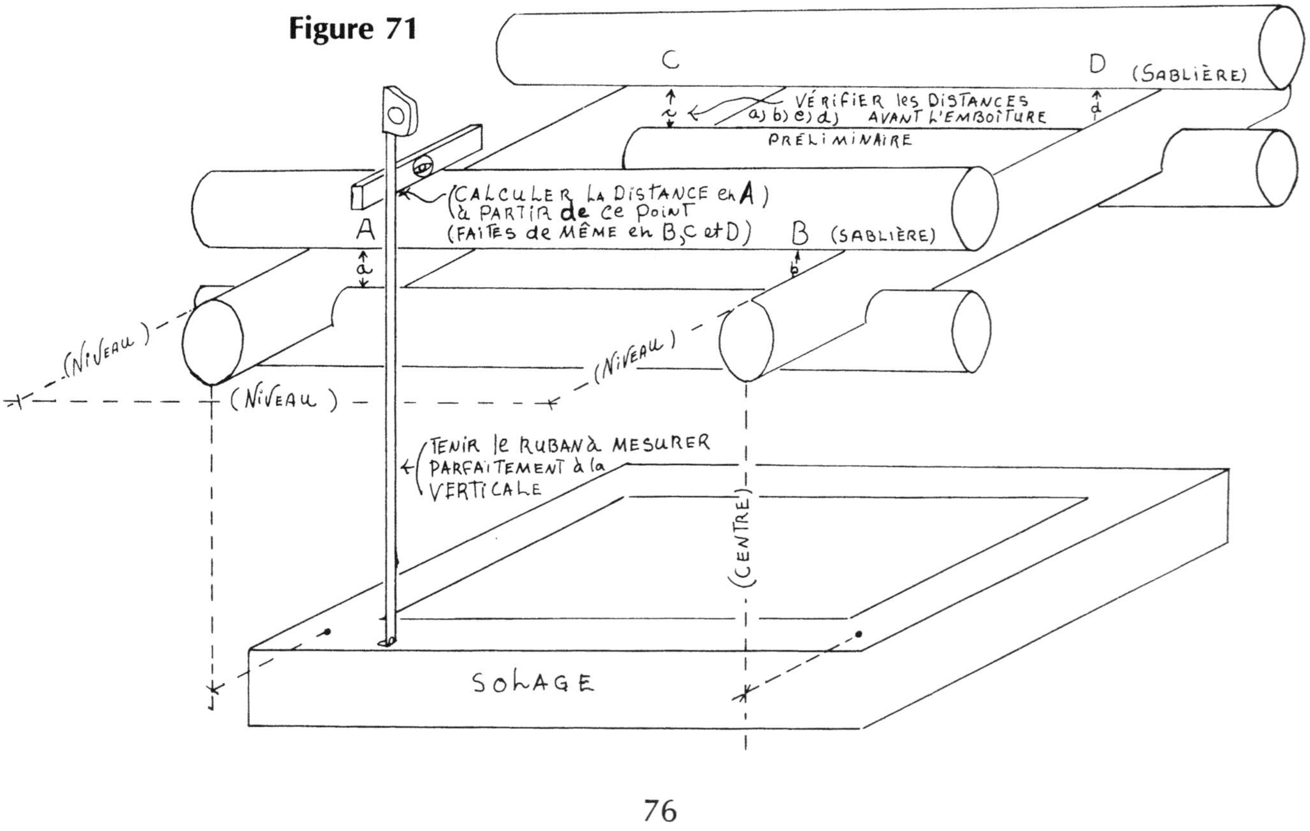

STRUCTURES DE TOIT

Ce chapitre pourrait faire à lui seul le sujet de tout un livre. Il existe une variété quasi infinie de toits. Pour en nommer quelques-uns citons (fig. 72): le toit à appentis (toit plat) (a), le toit mansardé (toit de grange ou toit français) (b), le toit pyramidal (conique) (c) et le toit à pignon (à versant) (d) qui fera le sujet de notre étude.

Figure 72

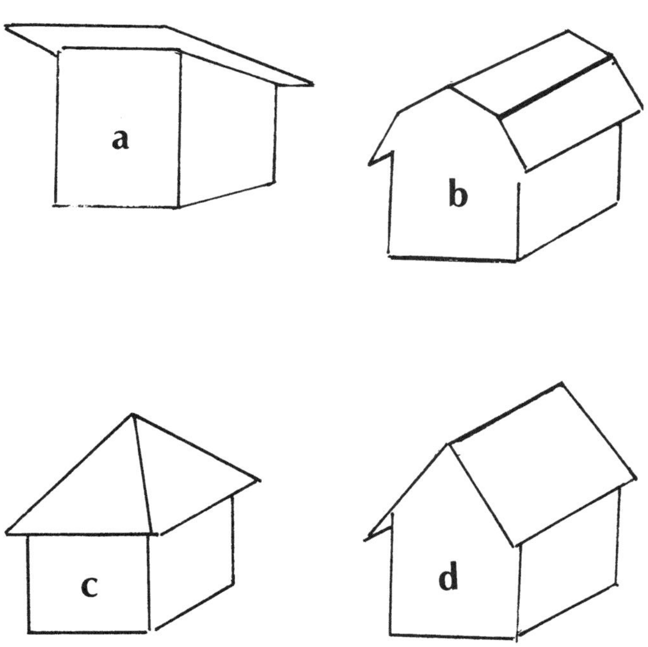

Nous oublierons tout ce qui concerne les lucarnes, les murs, tout ce qui pourrait compliquer notre propos, pour nous en tenir au toit à pente le plus simple possible, le toit à deux versants.

Notre approche se limitera aux techniques imposées par notre matériau, le bois rond, et ne portera que sur la réalisation du toit cathédrale et à structure apparente.

•Vocabulaire de base ou glossaire et illustration des différentes parties du toit

Avant de s'attaquer à la technique, définissons les termes employés dans notre travail. Voir Lexique illustré des composantes de la maison p. 21.

Pannes

Ce sont des pièces transversales servant de soutien aux chevrons.

Sablière

La sablière est une panne, c'est la toute première à la base du toit.

Et c'est là qu'on emboîtera le talon des chevrons.

Faîtière (faîtage, aiguille)

Au sommet du toit, c'est le billot à l'horizontale qui rejoint les deux pignons et sur laquelle vient s'appuyer la tête des chevrons.

Pannes courantes

Pannes situées entre la sablière et la faîtière, qu'on utilise pour diminuer la portée des chevrons. Le nombre requis est fonction de la portée et de l'élévation du toit ainsi que de la grosseur projetée des chevrons.

Chevrons

Ce sont les solives du toit sur lesquelles on viendra fixer les planches du plafond (couverture). Les chevrons utilisés dans notre étude sont des *chevrons à long pan* nommés également *grands chevrons* ou *chevrons communs*. Ils sont habituellement fabriqués à l'aide de billots d'un diamètre plus petit que ceux utilisés pour la construction du carré. Leur espacement varie selon le recouvrement employé.

Figure 73

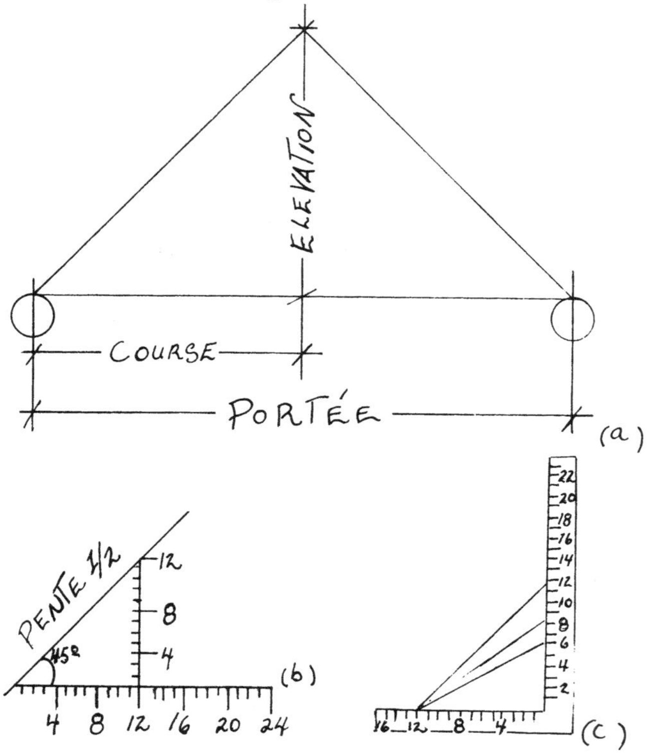

Portée du toit (fig. 73a)

C'est la distance qui sépare les deux lignes centre des sablières. La même distance qui sépare les deux lignes centre du solage. L'unité de portée est de 24″.

Course (fig. 73a)

C'est la portée divisée en deux : soit la distance horizontale qui sépare le centre du pignon et le milieu [illegible] ablière. L'unité de course est

Élévation (fig. 73a)

La distance comprise entre le sommet de la structure du toit et la ligne de la portée.

Pente (fig. 73b)

C'est le rapport entre l'élévation et la portée du toit. Aussi une maison dont la largeur (portée) est de 24′ centre-centre et dont l'élévation est de 12′, aura une pente de ½. À chaque 12″ de course, l'élévation augmentera de 12″ (fig. 73c).

Aussi plusieurs constructeurs préfèrent parler du rapport établi entre la course et l'élévation. Ainsi une pente de ½ devient un rapport 12/12. Une pente ⅓ devient 8/12 et ¼, 6/12.

Calcul de la longueur des chevrons

On doit de nouveau utiliser le théorème de Pythagore. La longueur recherchée (x) sera égale à la racine carrée de la somme de l'élévation au carré et de la course au carré, $x^2 = E^2 + C^2$. Un toit d'une portée de 24′ et d'une pente de ½ aura donc des chevrons de
$x = \sqrt{12^2 + 12^2}$
$= \sqrt{288}$
$\approx 17.$
Voir nivellement hors site (fig. 11)
Vous pourrez trouver l'extraction de la racine carrée sur toutes les petites machines à calculer de poche. Pour ceux que cet instrument effraie, servez-vous de votre équerre ou tout simplement apprenez à extraire une racine carrée!

Fermes de toit (Figure 74, *I à VII*)

Ferme de toit simple

La ferme de toit est un triangle composé de deux chevrons (nommés arbalétriers) appuyés l'un sur l'autre à leur sommet et fixés à la sablière à leur base. Elle repose donc entièrement sur le carré sans support intérieur. Pour contrer la poussée latérale qu'elle pourrait exercer sur les murs, on ajoute une base au triangle, l'entrait.

Ferme à poutre transversale

Ferme où l'entrait est retroussé offrant une résistance à la flexion des arbalétriers, diminuant leur portée et créant une plus grande logeabilité à l'étage.

Ferme à poinçon

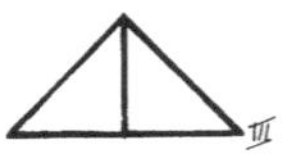

Si l'entrait sert de solive et qu'il n'est pas supporté par aucun mur de soutien, il est bon d'ajouter une membrure intermédiaire pour

renforcer la ferme. En ce cas-ci, ce sera un billot attaché au faîte et au centre de l'entrait.

Ferme à petits murs

IV

Deux poteaux plutôt qu'un offrent souvent plus de logeabilité si le toit sert d'étage. On reforce du même coup les arbalétriers.

Ferme à entretoise en diagonale

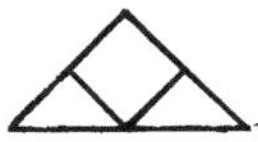
V

Ferme à poinçon et diagonale

VI

Ajoutée au poteau central, l'entretoise nous procure une forme soutenue en trois points, extrêmement résistance, bâtie pour de longues portées et pouvant supporter de lourdes charges.

Ferme en W

VII

Variante améliorée de la dernière ferme décrite, elle a en outre l'avantage de dégager le centre de l'étage. Pour la construire, on divise habituellement la longueur de l'arbalétrier en deux et l'entrait en trois parties égales.

L'ajout des membrures secondaires permettra de réduire le diamètre des composantes principales de la ferme simple. Mais leur dimension reste tributaire de la pente et la portée du toit, de l'espacement entre les fermes et de la charge à supporter.

•Charge de la neige

Dans notre pays blanc où les températures basses permettent à la neige de s'accumuler tout l'hiver et où les vents s'amusent à la transporter et parfois à l'amonceler en charges encore plus lourdes que la charge calculée au sol, il nous paraît prudent de s'informer des conditions prévalant dans la région avant de calculer le diamètre des membrures.

Au Québec, cette accumulation peut varier de 60 à 120 livres au pied carré : chaque pouce de neige représentant 1 à 1 ½ lbs par pied carré.

Au Canada, le Code national du bâtiment a fixé la charge de la toiture à 80% de la charge au sol. Elle varie selon la pente mais la diminution ne débute pas avant 30°.

Variation du % de la charge de la toiture selon la pente (Log Span Tables)

Pente du toit	% de la charge au sol
4/12	80%
6/12	80%
8/12	72%
10/12	60%
12/12	50%
14/12	42%
16/12	34%

•Calcul du diamètre moyen des membrures d'une ferme de toit

Les dimensions des membrures d'une ferme varient selon sa portée, l'espacement entre chacune d'elles, l'angle du toit et la charge qu'elle doit supporter.

Les calculs de M. Guy Massicotte à qui je suis redevable des tableaux qui suivent tenaient compte de toutes ces variables. J'espère pouvoir vous les présenter dans une petite brochure spécialement consacrée à l'étude des charges sur le bois. Mais pour le présent ouvrage, je me limiterai à un angle de toit de 20 degrés et une charge de 90 livres au pied carré. On pourra ainsi se fier à ces tableaux pour construire, n'importe où au pays, un toit dont la pente pourra varier de 20 à 90 degrés !

Dans la construction en bois rond, les structures de toit apparentes sont habituellement plus fortes que nécessaires par souci d'esthétique. Car il est toujours navrant de voir une ferme construite avec des billots d'un diamètre de 5 à 6 pouces, lorsque les murs, eux, sont construits avec des billots de 12 à 15 pouces, l'apparence en souffre lourdement! Aussi n'ayez pas peur de dépasser les normes requises.

Vous remarquerez d'ailleurs dans les tableaux que le diamètre de la membrure inférieure (entrait) est plus petit que celui de la membrure supérieure (arbalétrier).

Pour une ferme apparente, le coup d'œil exige que l'entrait ait un diamètre semblable à celui de l'arbalétrier et que les membrures intermédiaires (diagonales, poinçon, etc.) aient un diamètre qui équivaut au deux tiers (⅔) de celui de l'arbalétrier. Aussi pour une plus grande clarté à la lecture des tableaux, avons-nous éliminé les diamètres des membrures intermédiaires qui étaient beaucoup plus petits que la norme des ⅔ que nous vous suggérons d'utiliser.

Vous trouverez à gauche de ces tableaux, sur la colonne verticale, la portée de la ferme de toit, i.e. la largeur du carré sur lequel elle repose, car une ferme n'a pas besoin de murs de soutien ou de poteaux, elle se porte par elle-même. Cette portée varie de 15 à 30 pieds linéaires. Au-dessus du tableau, on a inscrit l'espacement entre chacune d'elles, i.e. la distance en pieds linéaires qui les sépare. Cette distance varie de 3 à 12 pieds.

À la rencontre de ces deux colonnes, verticale et horizontale, vous noterez qu'il y a deux(2) chiffres. Le premier indique le diamètre de la membrure supérieure en pouces et le second, celui de la membrure inférieure.

Nous avons retenu trois types de fermes, parmi les sept décrites précédemment, soit: la ferme à poinçon, la ferme à poinçon plus diagonales et la ferme en W.

FERME À POINÇON

Espacement entre les fermes (pi. lin.)

Diamètre des membrures supérieures A / Diamètre des membrures inférieures B (pouces)

Portée de la ferme (pi. lin.)	3	6	9	12
	A/B	A/B	A/B	A/B
15	8/4	10/4	12/6	12/6
20	10/4	12/4	14/6	14/6
25	10/4	14/6	16/6	16/8
30	12/4	16/6	18/6	18/8

FERME À POINÇON PLUS DIAGONALES

Espacement entre les fermes (pi. lin.)

Diamètre des membrures supérieures A / Diamètre des membrures supérieures B (pouces)

Portée de la ferme (pi. lin.)	3	6	9	12
	A/B	A/B	A/B	A/B
15	6/4	7/6	8/6	9/6
20	6/4	8/6	10/6	10/8
25	8/4	10/6	11/8	12/8
30	8/6	10/6	12/8	13/10

FERME EN W

Espacement entre les fermes (pi. lin.)

Diamètre des membrures supérieures A / Diamètre des membrures inférieures B (pouces)

Portée de la ferme (pi. lin.)	3	6	9	12
	A/B	A/B	A/B	A/B
15	6/4	8/6	8/6	10/6
20	6/4	8/6	10/6	10/8
25	8/4	10/6	11/8	12/8
30	8/6	10/6	12/8	14/10

CONSTRUCTION D'UN TOIT

• Pignon en bois rond

À première vue, cette solution en est une de continuité, une solution facile, une solution économique. Mais c'est oublier les propriétés d'affaissement du bois rond qui nous obligeront à construire une structure de toit dont les composantes seront mobiles. Une structure de toit qu'on ne peut pas appuyer, sur une dimension fixe, une ferme ou un poteau, sans utiliser des trésors d'ingéniosité. Une structure où on devra utiliser des pièces plus lourdes et plus difficiles à manier. Une solution à laquelle il vaut mieux réfléchir, si nous bâtissons un carré de bonne dimension sans murs de soutien.

Pose des premières billes

Déposez le premier billot sur les sablières. Tracez au compas les emboîtures de coin et la latérale. Dessinez au niveau deux lignes verticales au centre des extrémités du billot. (A, A')

Rejoignez ces lignes au cordeau sur le dessus de la bille. (B)

Faites un trait au cordeau sur le côté du billot (C). Cette ligne rejoint les sommets des emboîtures, c'est la portée du toit. Elle sera de niveau. (fig. 75)

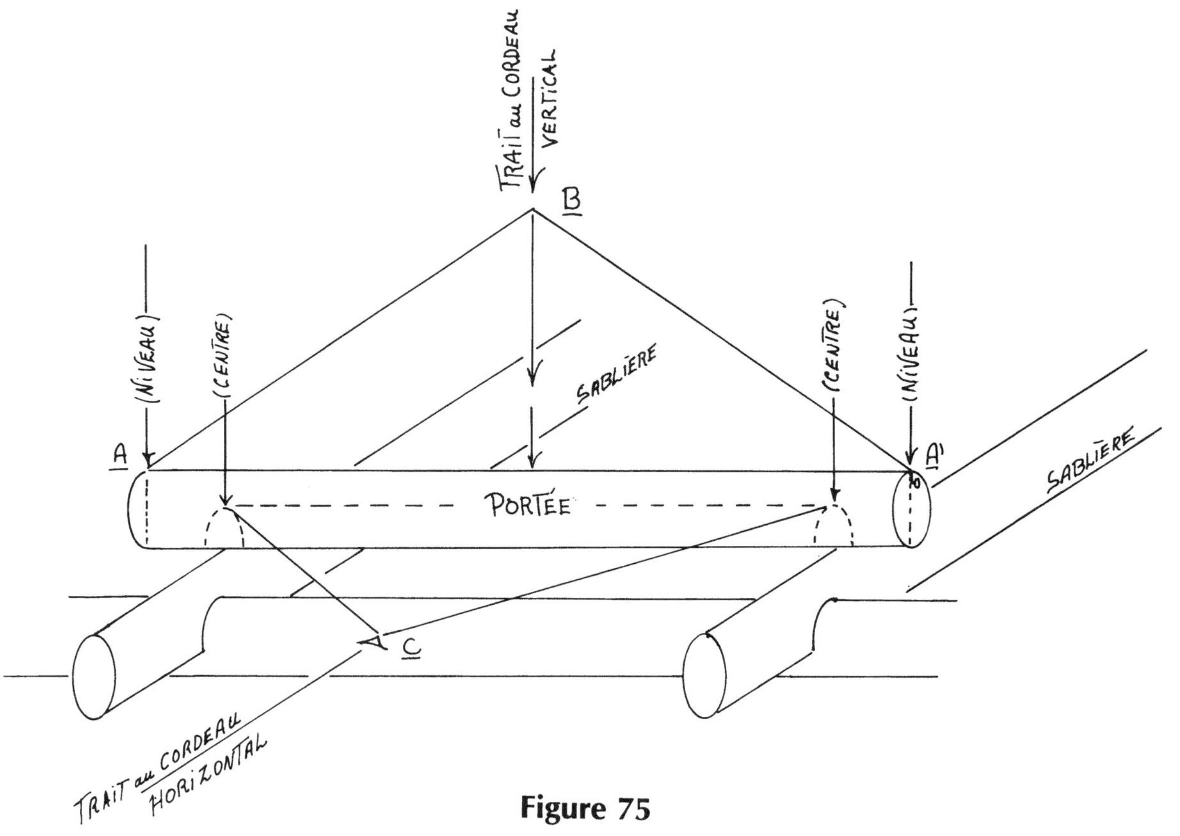

Figure 75

Descendez le billot et posez-le sur deux chevalets ou deux billots préalablement entaillés. Évidez. Retournez le billot, ligne de centre sur le dessus. Vérifiez les niveaux aux extrémités. Fixez solidement en place.

Déposez une seconde bille sur la première. Utilisez les serres pour billots courts. (fig. 48) Trouvez le centre réel du billot. Tracez les verticales aux extrémités et le trait au cordeau au centre. Enlignez la 2ième bille sur le centre de la première (fig. 76). Tracez la latérale au compas. Soyez sûr d'utiliser un billot suffisamment long.

Retirez le billot du dessus. Évidez la deuxième bille. Utilisez le même procédé jusqu'à la hauteur des premières pannes.

Pour choisir le diamètre des billots et la profondeur de la latérale, il faut tenir compte de la hauteur à laquelle on veut situer les pannes.

Figure 76

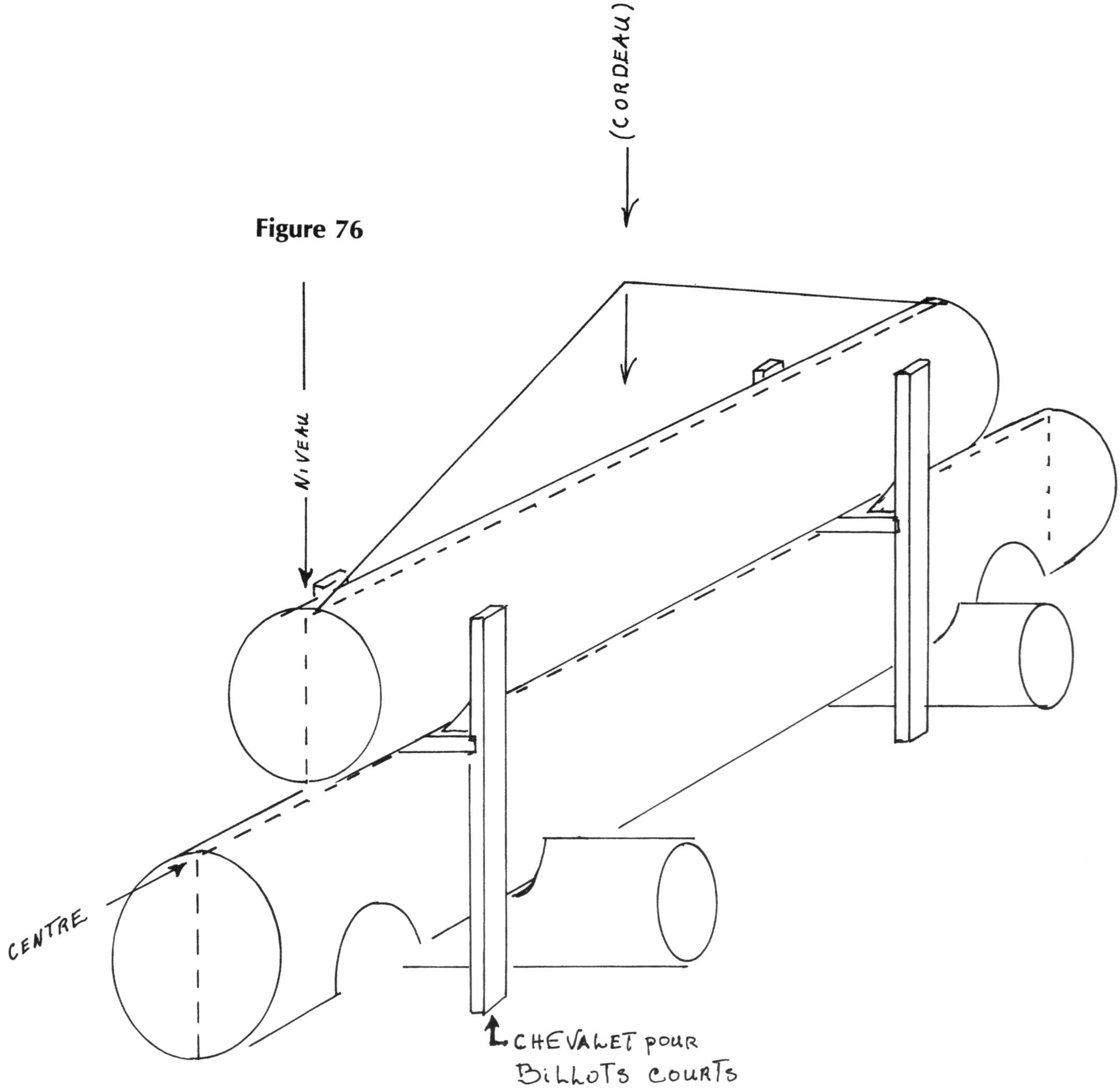

Pose des pannes courantes

La portion bouvetée des pignons est reportée sur le carré. Elle peut être chevillée immédiatement en place, ou fixée et solidifiée à l'aide de bout de planches et de clous (fig. 77A) en attendant la pose des pannes qui solidifieront les pignons.

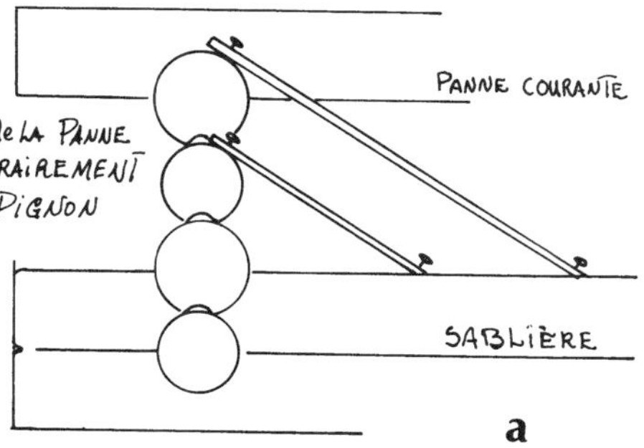

a

Figure 77

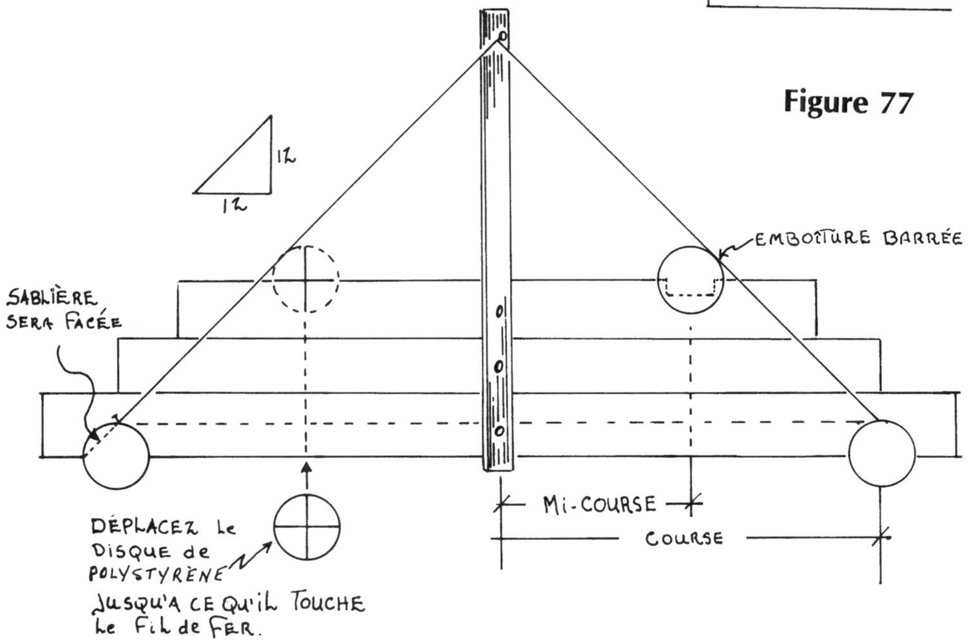

Il est bon de vérifier la distance séparant les deux portions de pignon, car celle-ci devra être la même que celle du carré. S'il y a un mur de soutien, les précautions à prendre sont les mêmes. Utilisez l'emboîture barrée ou à double enture. La hauteur à laquelle on situera la panne dépendra du type de structure prévu : avec ou sans chevrons.

Sans chevron

Là où il n'y a pas de chevron, le calcul est simplifié : la surface partante de la panne suit tout simplement la pente du toit (fig. 77). Pour une exécution rapide, clouez à mi-chemin de la portée, une planche à la verticale. Plantez un clou là où devra se situer le sommet du pignon. Tendez deux fils de fer à partir du centre des sablières. (fig. 77)

Découpez dans une pièce de polystyrène (styrofoam) deux cercles de même diamètre que celui de votre panne à sa jonction avec le mur. Tracez-y deux diamètres qui se coupent à angle droit. (fig. 78)

Pour trouver le diamètre d'un billot, utilisez deux équerres de charpente que vous ferez glisser l'une contre l'autre à angle droit jusqu'à ce que leurs côtés touchent le billot. (fig. 78B)

Tracez une ligne verticale là où la panne devra être déposée et déplacez votre disque en son centre le long de cette ligne jusqu'à ce qu'il rencontre le fil de fer. On place habituellement la panne courante à mi-chemin de la course si elle est unique. S'il y en a deux, on les placera au tiers. (fig. 77)

Si vous désirez facer la panne, (ce qui est à conseiller pour les pannes courantes et la faîtière et, à mon avis, essentiel pour la sablière) laissez le disque dépasser légèrement le fil. Maintenant que le disque est à l'endroit exact où devra se situer la panne, faites un trait au feutre sous le

Figure 78

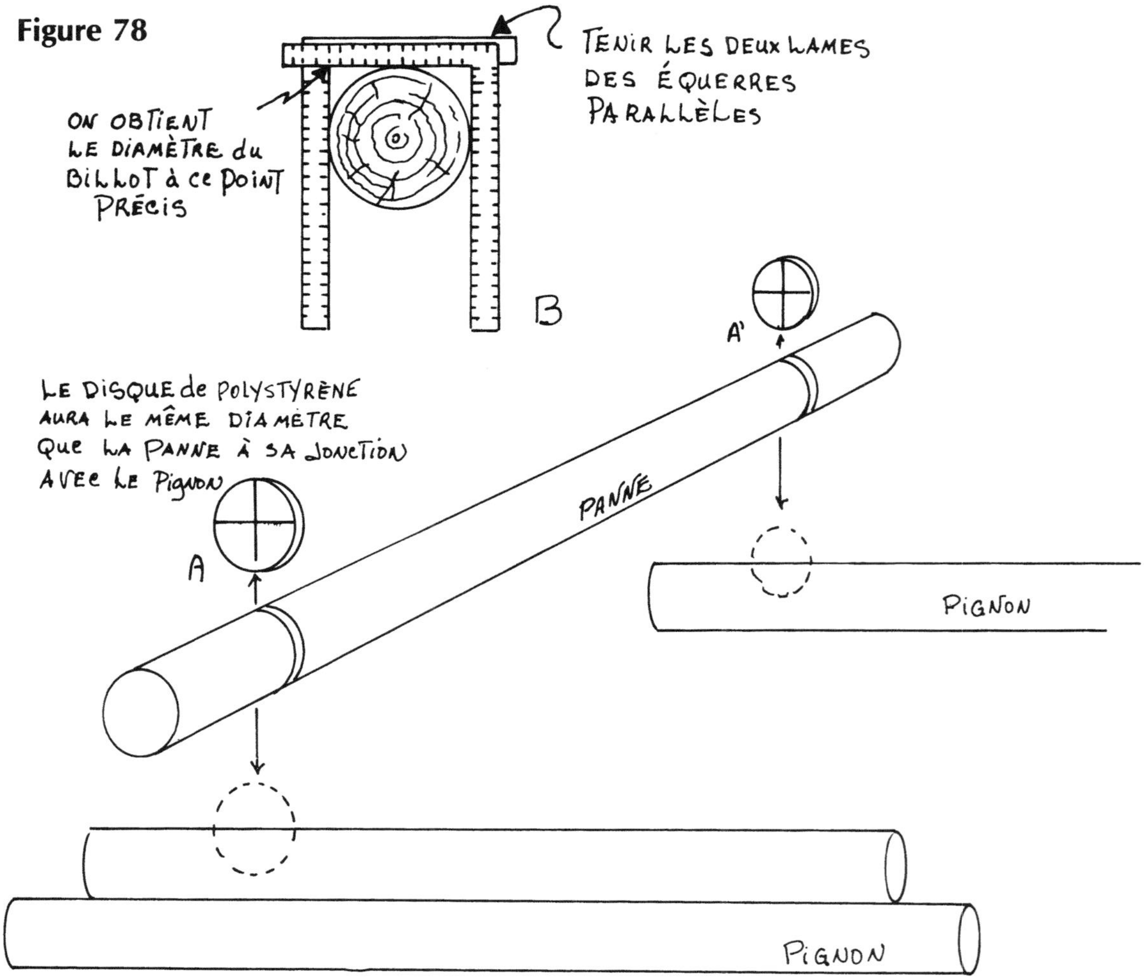

disque. Faites de même pour l'autre pignon et les murs de soutien et détachez les fils de fer. Le dessus de la panne, après emboîture, se situe à la hauteur de votre trait au feutre.

Avec chevrons

La méthode de travail demeure la même, mais il faudra tenir compte de l'épaisseur du chevron. Pour faciliter le travail, tous les chevrons devront être facés (côtés revêtement du toit) et ramenés à la même épaisseur. Cependant cette épaisseur variera de la petite extrémité à la grande, pour ne pas enlever inutilement de bois et garder au chevron sa forme originale. Tous les chevrons pourraient avoir par exemple 4″ (10 cm) à la tête et 6″ (15 cm) au talon. Au centre, nous devrions avoir environ 5″ (12,5 cm).

Connaissant l'angle du toit, il est facile de le tracer sur le disque de polystyrène et de trouver ainsi la surface portante de la panne. Prenons l'exemple d'une pente de 45° où la panne est située à mi-chemin de la course. Remontez la ligne verticale tracée au niveau, le disque étant bien situé au centre et lorsque la distance séparant la surface portante du fil de fer sera de 5″, faites un trait au feutre sous le disque. (fig. 79)

Espacement d'affaissement à la rencontre des chevrons

Lorsqu'on décide de construire un pignon en bois rond, on fera en sorte que les chevrons suivent librement le mouvement d'affaissement. En aucun temps on ne pourra les fixer définitivement à la sablière et à la faîtière à la fois. Pour un toit cathédrale, isolé par l'extérieur, il est préférable de les fixer à la base et de les laisser glisser sur les pannes. Et pour éviter qu'ils restent juchés tête à tête pendant que le pignon

Figure 79

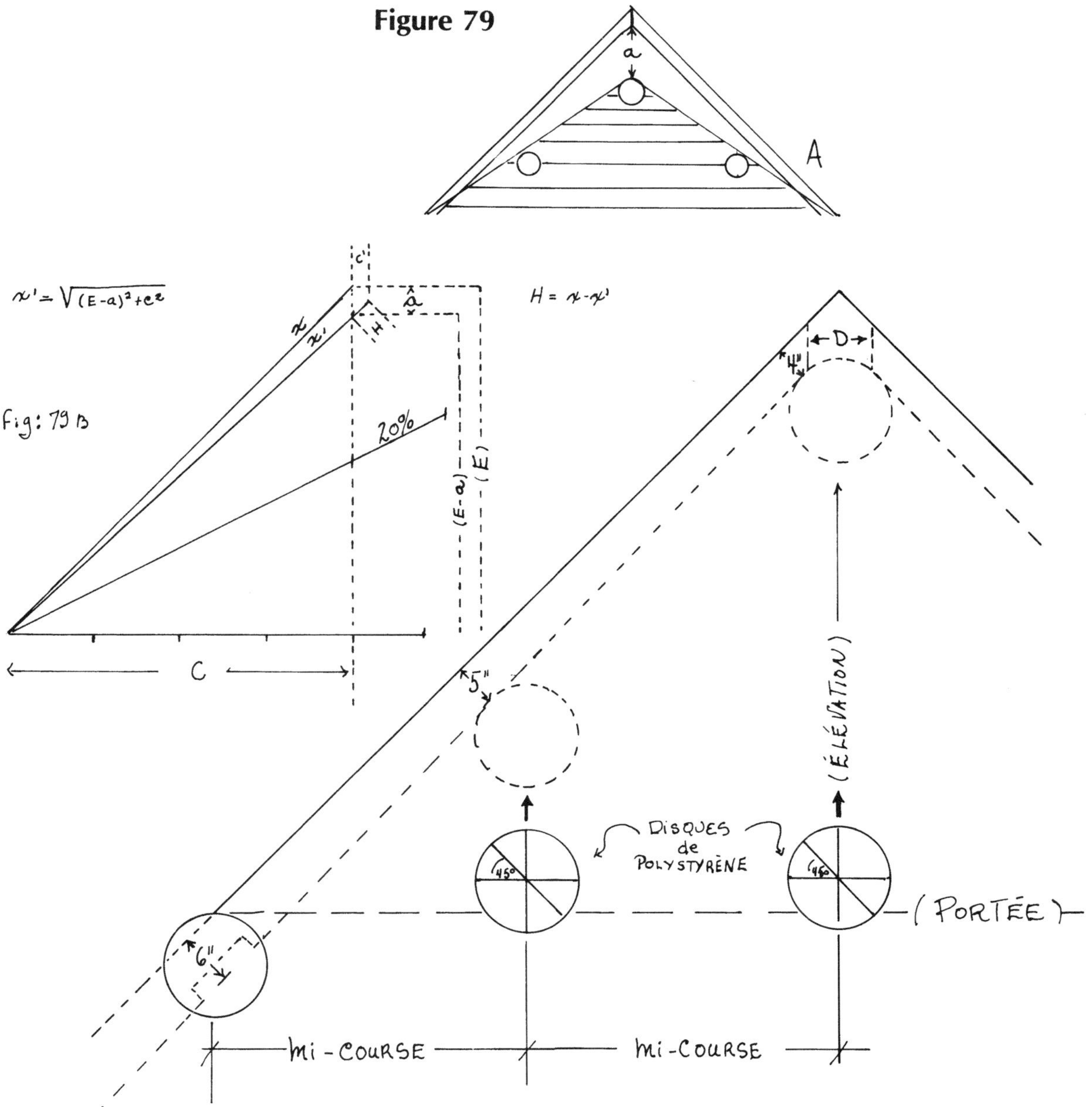

se tasse et descend, il faudra laisser un espace (D) entre les bouts des chevrons. (fig. 79A)

Reprenons l'exemple du pignon de 45° (½), course 12′ (3,65 m) élévation 12′ (3,65 m), il s'affaissera de ¾″ par pied (1 cm sur 15 cm) soit (12″ X ¾″ = 9″) neuf pouces ou $\frac{(365)}{15}$ = (24 cm) que nous désignerons par (a).

Si on examine le graphique on s'aperçoit qu'après affaissement, le chevron qui a gardé la même longueur dépasse maintenant le centre du pignon. (fig. 79B)

Pour mieux illustrer notre propos, imaginez un instant que l'affaissement soit de 6″ pouces au pied (12 X 6″ = 72″ = 6′). On voit maintenant le chevron dépasser la course d'environ 20% de sa longueur et le problème évident que cette situation nous posera.

Nous avons appris à calculer la longueur d'un chevron à pente fixe. Dans le cas présent, la formule $X = \sqrt{E^2 + C^2}$ nous donnerait 16′11″ de chevron (5m,15)

Mais pour connaître la longueur que devrait avoir le chevron après affaissement (désigné par x), il faudra soustraire à l'élévation (E) l'affaissement (a).

Nous obtenons :

(chevron) x' =

$$\sqrt{[\text{Élévation (E)} - \text{affaissement (a)}]^2 + [\text{course (c)}]^2}$$

$$x' = \sqrt{(E - a)^2 + C^2}$$

$$x' = \sqrt{(12' - 9'')^2 + 12^2}$$

$$= \sqrt{11'\,3'')^2 + 12^2}$$

$$= \sqrt{126{,}56 + 144}$$

$$= \sqrt{270{,}56'}$$

$$= 16{,}44 \text{ pi.} = 197 \text{ po} = 16'5''$$

La longueur du chevron ne devra pas dépasser 16′ 5″.

À partir de cette information on peut calculer la distance D qu'on devra laisser entre les deux bouts de chevrons (fig. 79). Cette distance D est égale à la (course X 2) i.e. (2 X C′) du nouveau triangle rectangle dont l'hypothénuse H est égale à la différence obtenue (x -x′), les longueurs du chevron avant et après affaissement.

Mais pour connaître la course réelle de ce triangle, il nous faudra tenir compte de la pente du toit ou plus spécifiquement du rapport $\frac{E}{C}$ (Élévation vs Course) où la course aura toujours la valeur de 12″. En portant chacun des membres du rapport au carré et en extrayant la racine carré de leur somme ($x = \sqrt{E^2 + C^2}$) nous obtiendrons pour les pentes suivantes :

4/12 = 12,65	9/12 = 15	14/12 = 18,4
5/12 = 13	10/12 = 15,6	15/12 = 19,2
6/12 = 13,4	11/12 = 16,3	16/12 = 20
7/12 = 13,9	12/12 = 16,9	17/12 = 20,8
8/12 = 14,4	13/12 = 17,6	18/12 = 21,6

En divisant l'hypothénuse H par un des résultats obtenus selon la pente utilisée et en multipliant le chiffre obtenu par 12, on obtient la course recherchée qui est la moitié de D.

Reprenons notre exemple où H = 6, divisé par 16,9 nous obtenons 0,35 qui multiplié par 12 nous donne la course 4,25 et l'espace D sera de 8,5.

Formule simplifiée :

On peut également obtenir un résultat satisfaisant en multipliant l'espace d'affaissement (a) par le rapport EC

$$D = a \times \frac{E}{C}$$

Dans notre exemple nous obtiendrons :

$$D = 9 \times \frac{12}{12} = 9$$

Emboîture des chevrons

Certaines personnes préfèrent déposer les chevrons sur la sablière plutôt que de les enfoncer dans celle-ci. C'est une solution de paresse qui ne vous fera pas gagner de temps. Vous devrez par la suite remplir les espaces laissés entre chaque chevron. L'isolation en souffrira et le coup d'œil laissera à désirer.

Préparation de la sablière

Avant toute chose, on devra facer la sablière en suivant la pente du toit. Si le pignon est en bois rond, la pente de la sablière devra être celle du toit après affaissement.

On sait que les sommets des centres tracés aux extrémités des billots sont le point de départ de la portée. C'est donc à partir de ce point en se servant d'une équerre que l'on dessinera la pente au bout des billots. (fig. 80A)

S'il y a déjà une ligne au cordeau sur le dessus de la bille pour en indiquer le centre, il faudra la faire disparaître. Les deux nouvelles lignes, une sur le dessus et l'autre, sur le côté, devront être tirées selon l'angle de la coupe. (fig. 80B)

Pour faciliter le travail, le billot devrait être retourné sur le carré. Faites-le avant de construire votre pignon.

Comment emboîter un chevron

Il y a plusieurs façons d'emboîter un chevron. La plus facile consiste à creuser dans la sablière autant de mortaises qu'il y aura de chevrons, à équarrir ces derniers au talon à la dimension de la plus longue des mortaises si on veut qu'ils

Figure 80

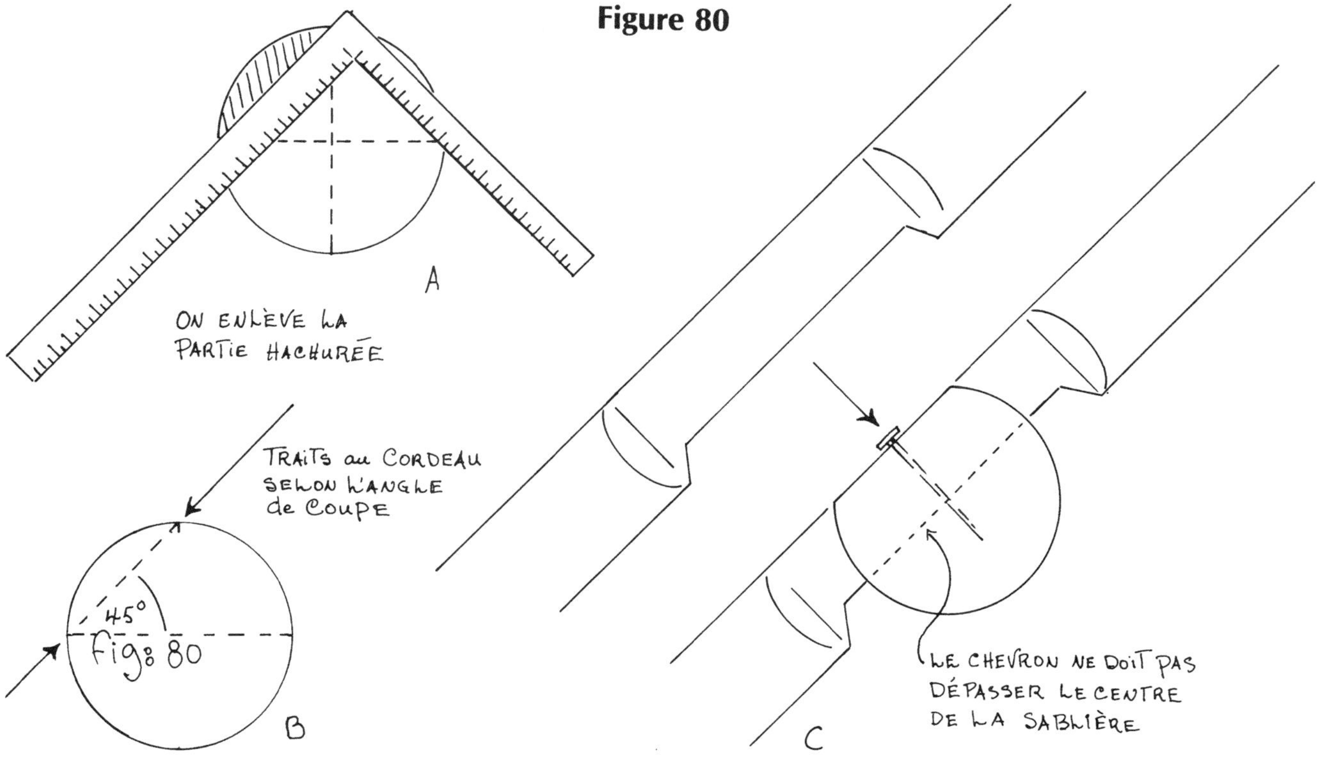

soient interchangeables et tout simplement à les clouer en place.

La mortaise ne devrait jamais être plus profonde que le centre de la sablière. La largeur, elle, dépendra du diamètre des chevrons. C'est une façon rapide de faire mais de facture peu engageante et qui a le désavantage d'affaiblir le chevron. (fig. 80C)

On peut en même temps éviter de clouer le chevron et le renforcer en pratiquant dans la sablière une mortaise avec tenon. Ce travail peut être exécuté au compas, un peu comme une emboîture barrée. (fig. 81-82)

Sur la sablière déjà facée, on effectue une première coupe des mortaises en ne dépassant pas le centre de la petite extrémité du billot. Cette précaution est nécessaire comme nous le démontre le graphique 81A : bien que la surface facée demeure inchangée quelle que soit l'extrémité du billot qu'on utilise pour la dessiner, il n'en va pas de même pour le centre qui change lorsqu'on passe de la grande extrémité à la petite. En utilisant ce dernier comme point de repère, on calculera la profondeur (P) permise pour la mortaise. Cette distance est reportée à la grande

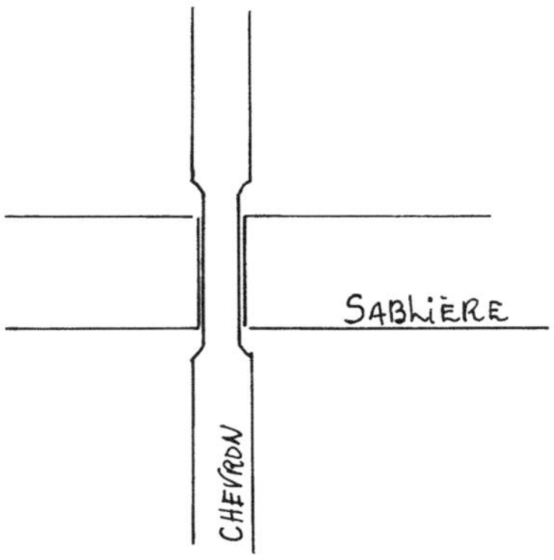

extrémité à l'aide de l'équerre et on tire deux traits au cordeau pour guider le travail de coupe.

Connaissant la profondeur (P) de la mortaise et ayant établi sa largeur (M), on peut se tourner vers la préparation des chevrons. Ces derniers déjà facés sur le dessus le seront maintenant de chaque côté à la largeur (M) de la mortaise (81B). La longueur (n) des côtés facés sera la même que le diamètre de la grande extrémité (81C), pour qu'à ce stade-ci les chevrons puissent être interchangeables.

On peut maintenant exécuter la mortaise qui se trouve à la sous-face du chevron (81D), partie hachurée. Pour calculer la largeur de cette mortaise, il faut nous reporter au diamètre de la

Figure 81

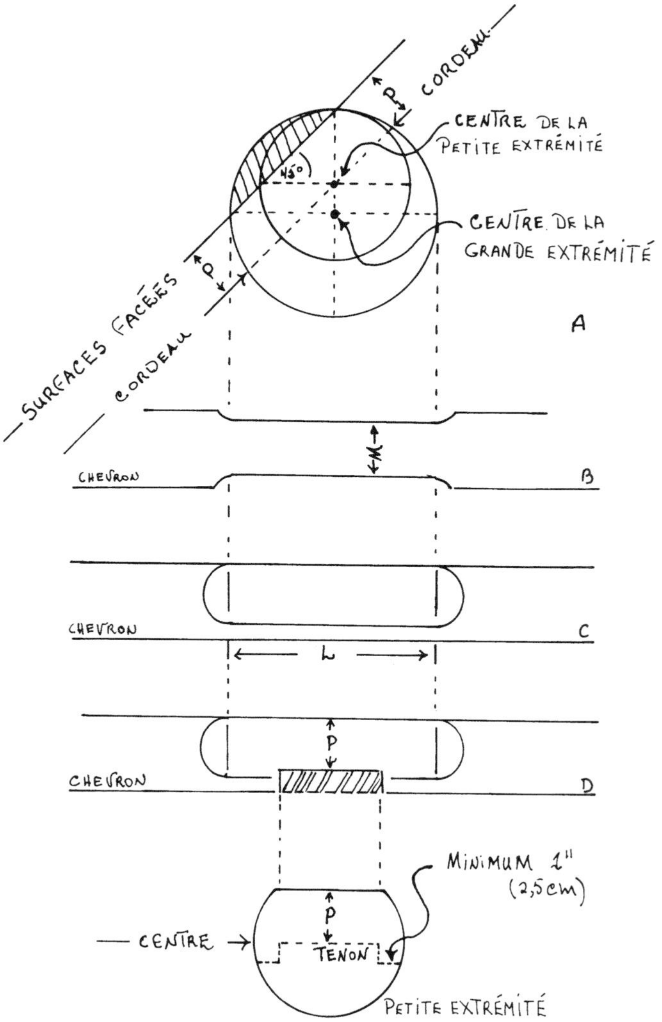

petite extrémité : on devra prévoir au moins un pouce d'asise (2,5 cm), de chaque côté du tenon prévu dans l'emboîture barrée pour que le chevron puisse s'appuyer solidement de tout son diamètre dans la sablière. À mesure que l'on se dirigera vers la grande extrémité, l'assise augmentera, mais je vous suggère de garder toujours le même tenon, cela facilite le travail de préparation des chevrons. Pour ce qui est de l'épaisseur de bois laissée au-dessus de la mortaise du chevron, elle est égale à (P).

Pour emboîter notre chevron, on l'asseoit dans la mortaise de la sablière, et on le soulève avec un petit bloc de telle façon que le dessous du chevron ne vienne pas s'appuyer sur le fond de la mortaise. L'ouverture du compas sera égale à l'épaisseur du bloc. (fig. 82)

Figure 82

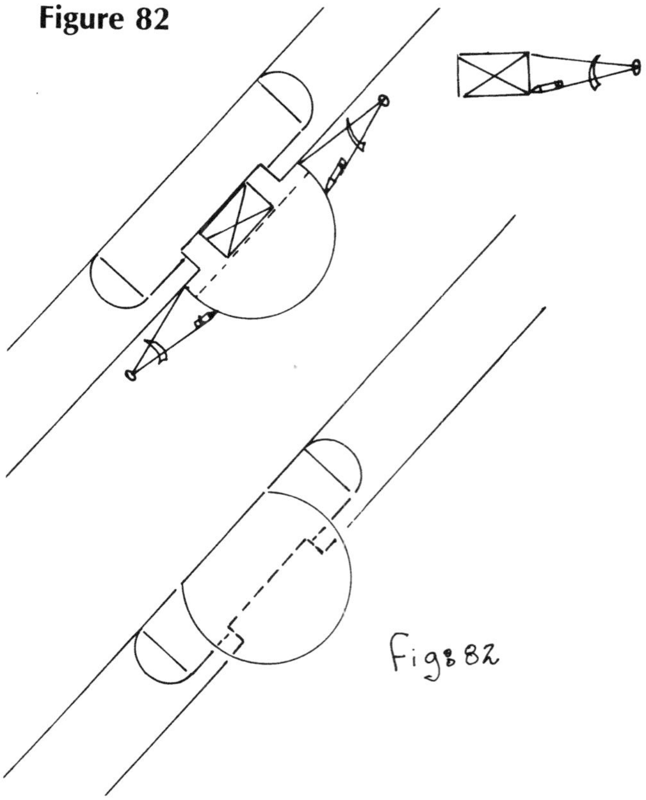

Si le pignon est fixe, on devra également soulever le chevron à la hauteur de la faîtière d'une distance égale à l'épaisseur du bloc.

Mais si le pignon est en bois rond, on devra calculer l'épaisseur du bloc pour compenser l'affaissement prévu et surtout ne pas soulever le chevron à la faîtière. Vous vous apercevrez que le chevron ne s'emboîte pas parfaitement (fig. 83), l'espace qu'on retrouve en (a) sera comblé lorsque le pignon aura fini de s'affaisser.

Figure 83

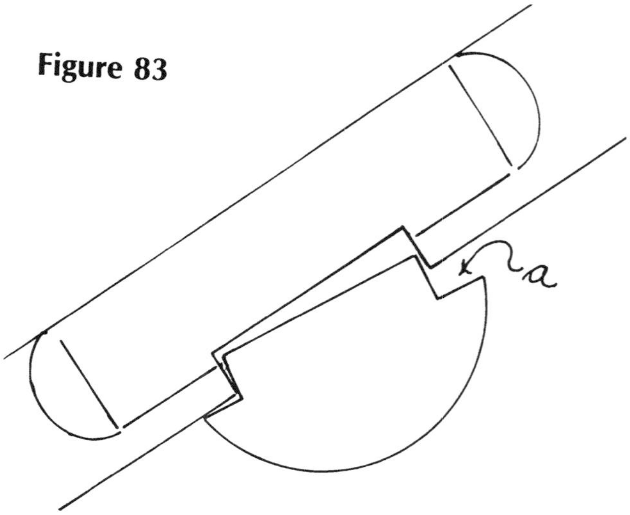

Fixation des chevrons sur les pannes courantes et la faîtière

Les chevrons sont simplement déposés sur les pannes sans être aplanis en sous-face. Évidemment lorsqu'on emploie du bois rond, il faut s'attendre à faire quelques retouches. On clouera donc un petit bloc de bois de 1″ d'épaisseur sur les deux chevrons des extrémités. On relie ces blocs par une corde de maçon. Tous les autres chevrons devront se situer un pouce (1″) sous la corde. (fig. 84A) On aura probablement à entailler la panne, ou soulever quelque peu certains chevrons mais les corrections seront mineures et rapidement exécutées.

Si les chevrons doivent être fixés aux pannes courantes ou à la faîtière, on fera en sorte qu'ils puissent suivre le mouvement d'affaissement. Il suffit de pratiquer une fente avec la pointe de la scie à chaîne dans le chevron. (fig. 84B) On y enfoncera un clou sous la tête duquel on aura eu soin de déposer une rondelle d'acier pour en augmenter la surface.

Si on pose le revêtement du toit directement sur la panne, on prendra les mêmes précautions.

Figure 84

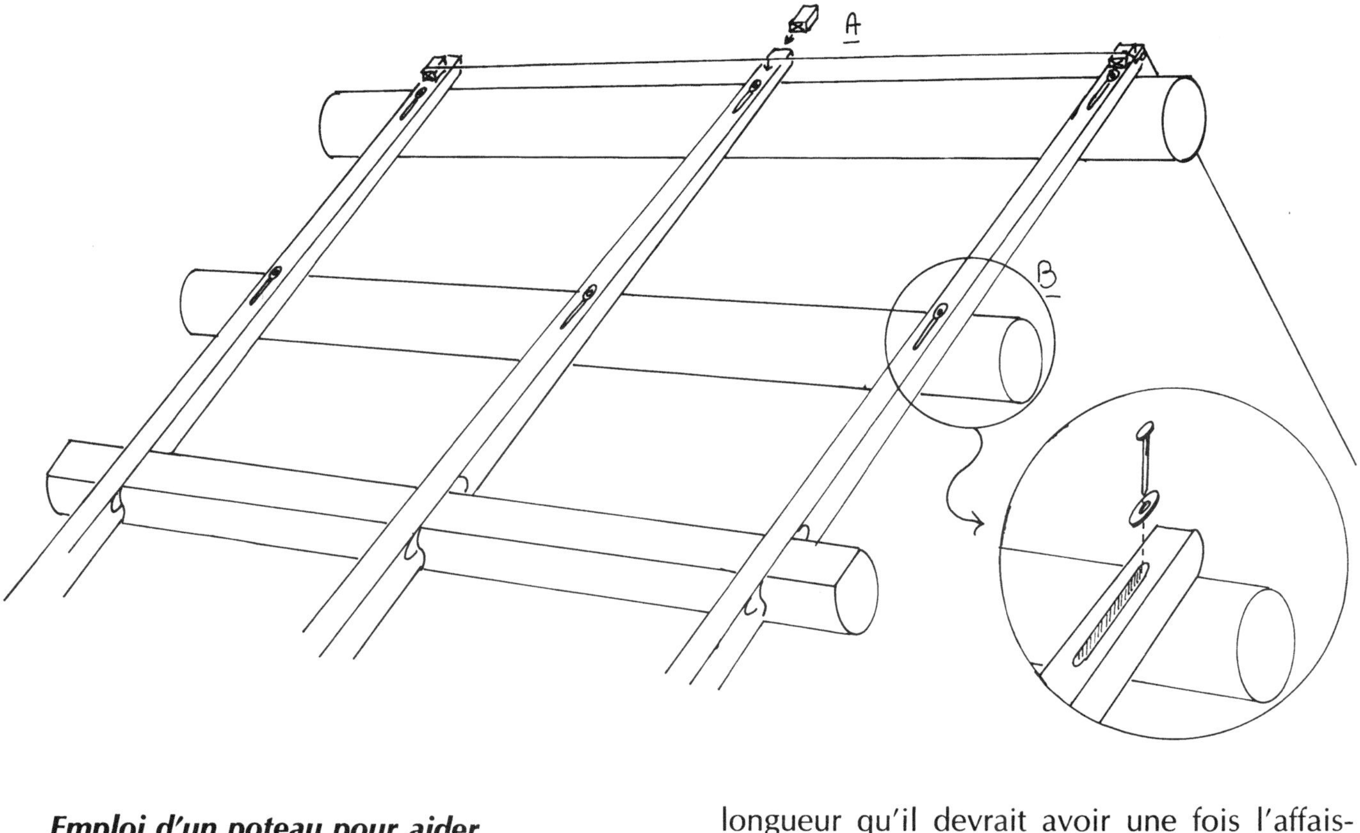

Emploi d'un poteau pour aider à supporter le toit

Si vous ne pouvez pas l'éviter, assurez-vous qu'il n'empêche pas le toit de s'affaisser. À ce stade-ci, l'ingéniosité est à l'honneur. Dites-vous bien que si le diamètre d'un poteau rapetisse, sa longueur rapetisse de façon négligeable (0,3 %). Vous devrez le couper à la longueur qu'il devrait avoir une fois l'affaissement terminé.

L'espace à combler avant l'affaissement devra être rempli par une pièce mobile : ce peut être une vis, telle que celle utilisée pour les poteaux de cave, posée à la base ou au sommet. (fig. 85A)

— ou une série de petits coins qu'on aura soin de retirer régulièrement. (fig. 85B)

— un grand coin que l'on pourra repousser

régulièrement et dont l'excédent pourra être enlevé par la suite. (fig. 85C)

— ou mieux encore, on entaillera la panne de façon à ce que la tête du poteau puisse s'y imbriquer lorsqu'on aura retiré les coins de support (fig. 85D)

Si on utilise une ferme de toit dans une structure où les pignons sont en bois rond, il faudra employer une de ces techniques.

Figure 85

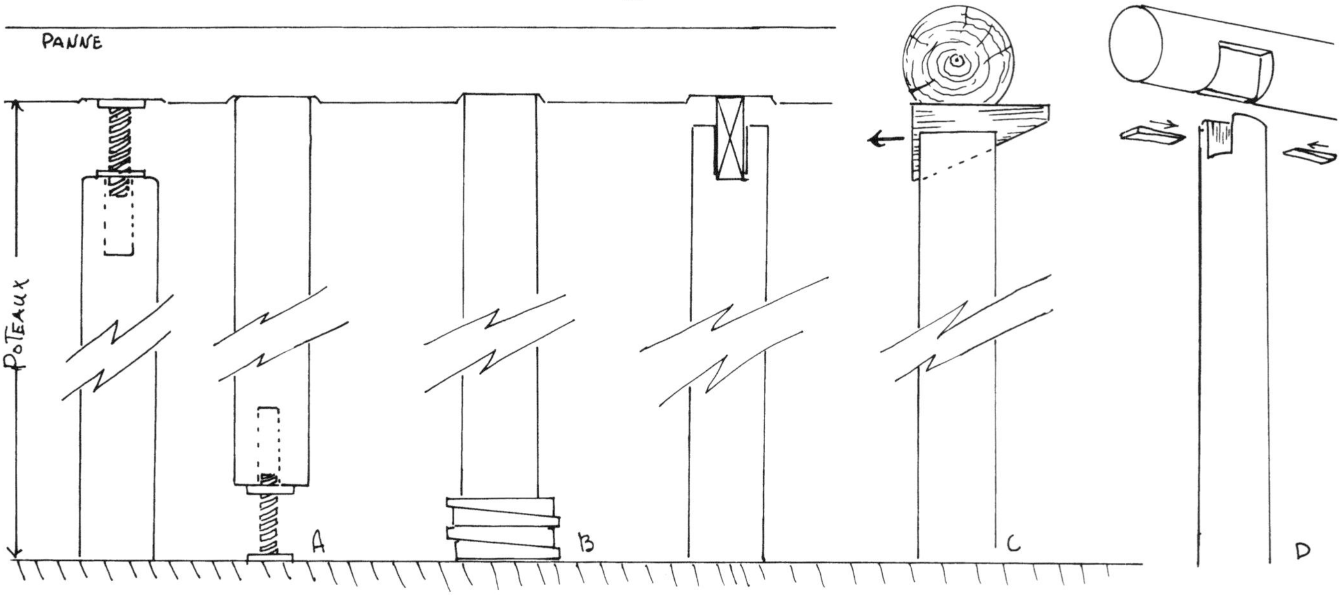

STRUCTURE DE TOIT RIGIDE

À mon avis, les avantages d'une telle structure sont nombreux: elle évite tous les calculs d'affaissement; les composantes du toit peuvent être fabriquées bien avant qu'on ait terminé le carré; en cas de mauvais temps on peut construire ces pièces de dimension plus modeste à l'abri. On évite en effet l'utilisation de pièces énormes, en diminuant à loisir la portée des pannes et même en les éliminant, si on le désire. Finalement cette structure permet de construire des divisions portantes fixes en bois de dimension et facilite l'aménagement du premier étage. (combles)

Poutre et poteau

Probablement la façon la plus primitive de construire un toit. Mais une méthode simple et efficace qui sied au débutant et qui n'est pas sans charme.

Fixation des poutres et poteaux

Comme on peut le voir à l'illustration (fig. 86) les méthodes sont multiples:

a) on peut simplement facer légèrement la poutre et la déposer sur un poteau dont on a biseauté le bout pour qu'il ait une plus belle apparence. Elle sera maintenue

Figure 86

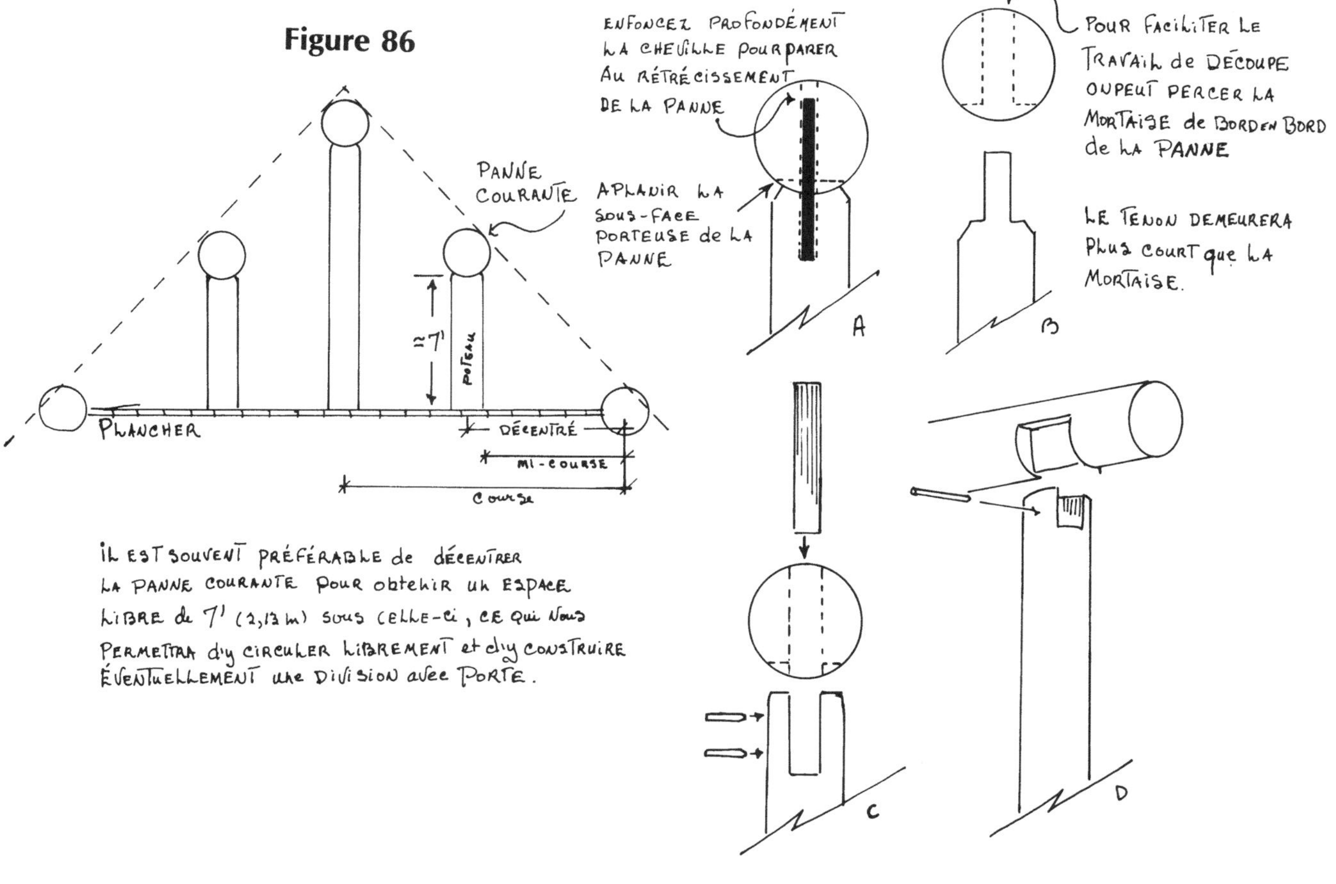

en place à l'aide d'une tige de fer ou de bois;

b) on a découpé au bout du poteau un tenon qu'on glisse dans une mortaise pratiquée dans la poutre. Si le travail est bien fait, il n'est pas nécessaire d'utiliser de cheville pour que l'assemblage tienne en place;

c) c'est plutôt une solution de remplacement. Si pendant la manipulation vous brisez le tenon du poteau, creusez une mortaise de la même dimension que l'ancien tenon. Faites glisser une pièce façonnée à cette dimension dans les deux mortaises. Chevillez;

d) à l'inverse de «b» c'est le poteau qui est mortaisé. Cette solution est plus soignée et plus solide.

Isolation des pignons

Pour combler l'espace entre les poteaux et isoler le pignon, on construit habituellement une ossature en 2 X 4 ou en 2 X 6, selon la méthode d'isolation employée et le coefficient R recherché; vous trouverez facilement chez votre marchand de bois une information détaillée sur l'isolation.

Si on désire que les poteaux soient apparents, ils devront avoir un diamètre d'au moins 12 pouces (30 cm).

La jonction entre l'ossature et les poteaux devra être étanche. (fig. 87)

a) on peut façonner deux tenons sur le poteau à la dimension des membrures de l'ossature;

b) on peut clouer le montant directement sur le poteau, calfeutrer les joints intérieurs et extérieurs à leur rencontre et creuser de chaque côté du mur isolé une mortaise dans laquelle on viendra insérer les parements intérieurs et extérieurs;

c) ou tout simplement facer le poteau en tenant compte de l'épaisseur des murs et clouer des pièces de dimension de chaque côté de celui-ci.

Figure 87

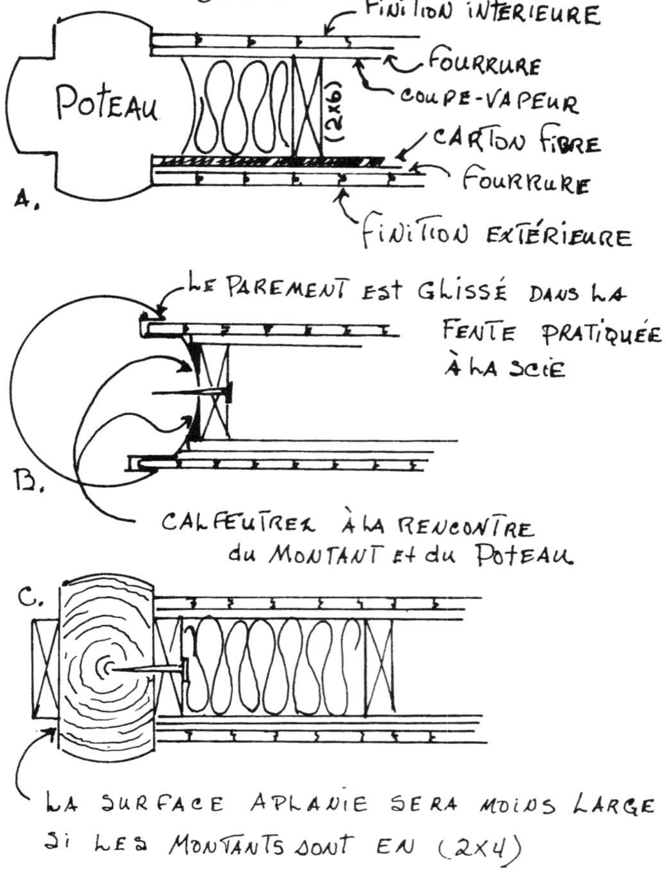

Fermes de toit

Nous avons décrit précédemment les différentes formes que pouvait prendre la ferme de toit. Nous avons également étudié les charges qu'elle pouvait supporter. Nous avons calculé le diamètre des membrures. Nous nous pencherons maintenant sur les divers types d'attaches qui joignent ces membrures entre elles, aux pannes et au carré.

Attaches des membrures d'une ferme

Les extrémités des pièces à assembler doivent être aplanies sur au moins deux faces pour pouvoir utiliser l'équerre avec facilité. On peut assembler deux pièces au compas mais c'est un travail de maître et le résultat est rarement heureux.

Nous nous servirons de l'illustration d'une ferme à entrait retroussé (poutre transversale) et à poinçon pour expliquer notre propos. (fig. 88)

Figure 88

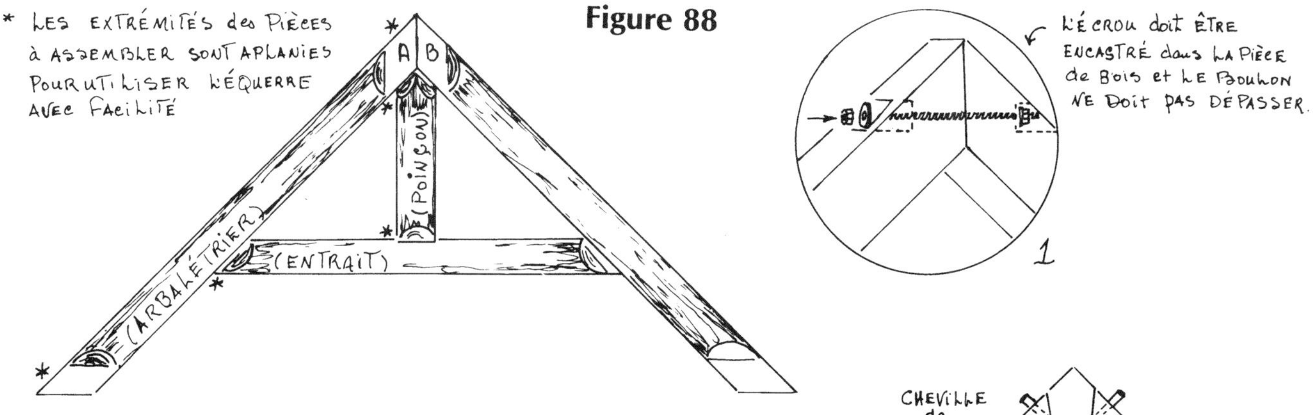

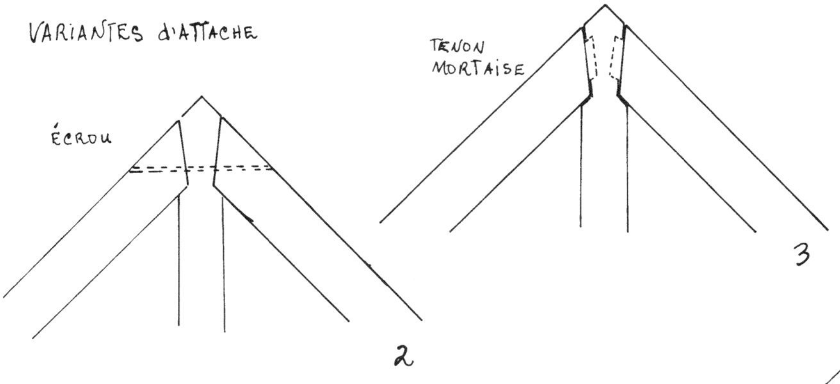

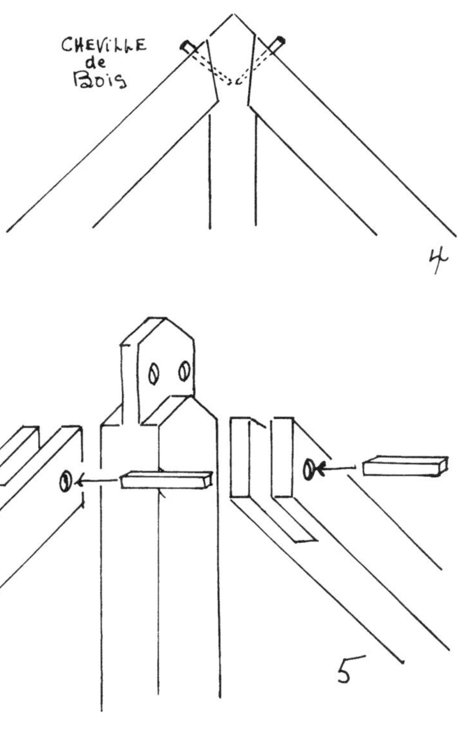

— Au faîtage

Les pièces sous compression A et B au faîte de la ferme ne requièrent d'attache que pour les empêcher de bouger. On pourra utiliser une tige de métal ou un boulon de 5/8′ (1,5 cm). La rondelle d'acier sous l'écrou devrait être la plus large possible. On évitera de laisser dépasser la tige en creusant une mortaise suffisamment profonde pour y cacher l'écrou. (fig. 88,1)

Les variantes d'attache au faîtage sont nombreuses (2, 3, 4). Lorsque le poinçon n'est pas supporté par les arbalétriers, les trois pièces doivent être chevillées solidement entre elles. On utilise des goujons de bois franc secs, ils peuvent être carrés et enfoncés au maillet dans un trou rond, ce qui les fixera en place pour des siècles à venir. (fig. 88,5)

— À la rencontre de l'entrait et des arbalétriers

L'épaisseur du tenon ne devrait pas dépasser ⅓ de la membrure principale. Il n'est habituellement pas nécessaire d'aplanir la surface où l'on creusera la mortaise, c'est affaire de goût.

On se sert toujours de la ligne de centre du billot pour tailler tenons et mortaises.

— Au talon de l'arbalétrier (chevron)

Si le talon de la ferme n'est pas déposé sur un mur de bout ou une division portante en bois rond, il est bon de doubler la solive de plancher qui le soutiendra.

Si on a continué d'ériger le carré de quelques pieds après le premier plancher, la ferme devrait s'asseoir sur un petit mur d'intersection (de soutient). (fig. 59)

Si l'arbalétrier (chevron) est déposé sur un mur ou une solive, le siège devra être aplani si la jonction se fait à plat. (fig. 89A)

Ou on coupera à angle si on veut ancrer l'arbalétrier. (fig. 89 b, c)

Figure 89

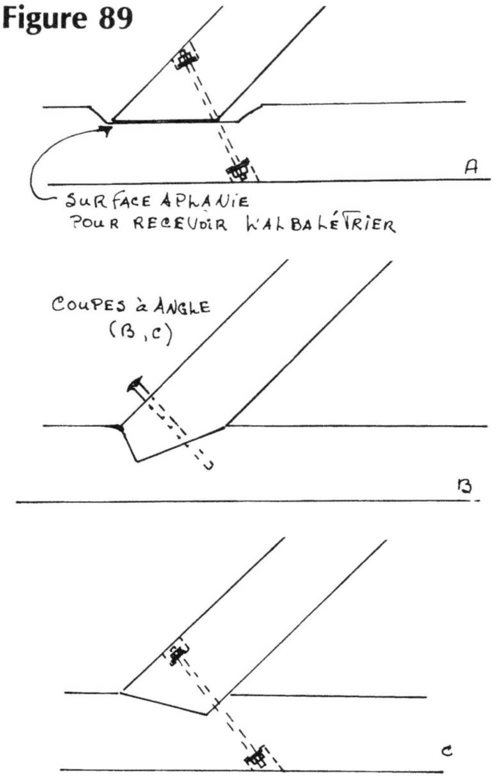

— A la rencontre des pannes

Pour supporter une faîtière, on laisse dépasser le poinçon (fig.88 2, 3, 4) et on utilise les techniques enseignées à la section Poutre et poteau pour la fixer en place. (fig. 86)

Pour éviter d'emboîter une panne, on peut la retenir par des blocs de soutien. (fig. 90)

Mais on peut se débarrasser de ces longues membrures difficiles à manier que sont les pannes : en rapprochant les fermes, on peut éliminer carrément la faîtière et remplacer les pannes par des solives qu'on enfoncera dans les arbalétriers. (fig. 91)

Figure 90

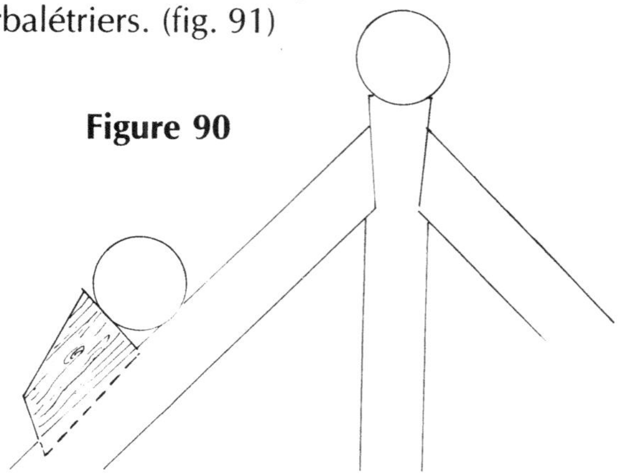

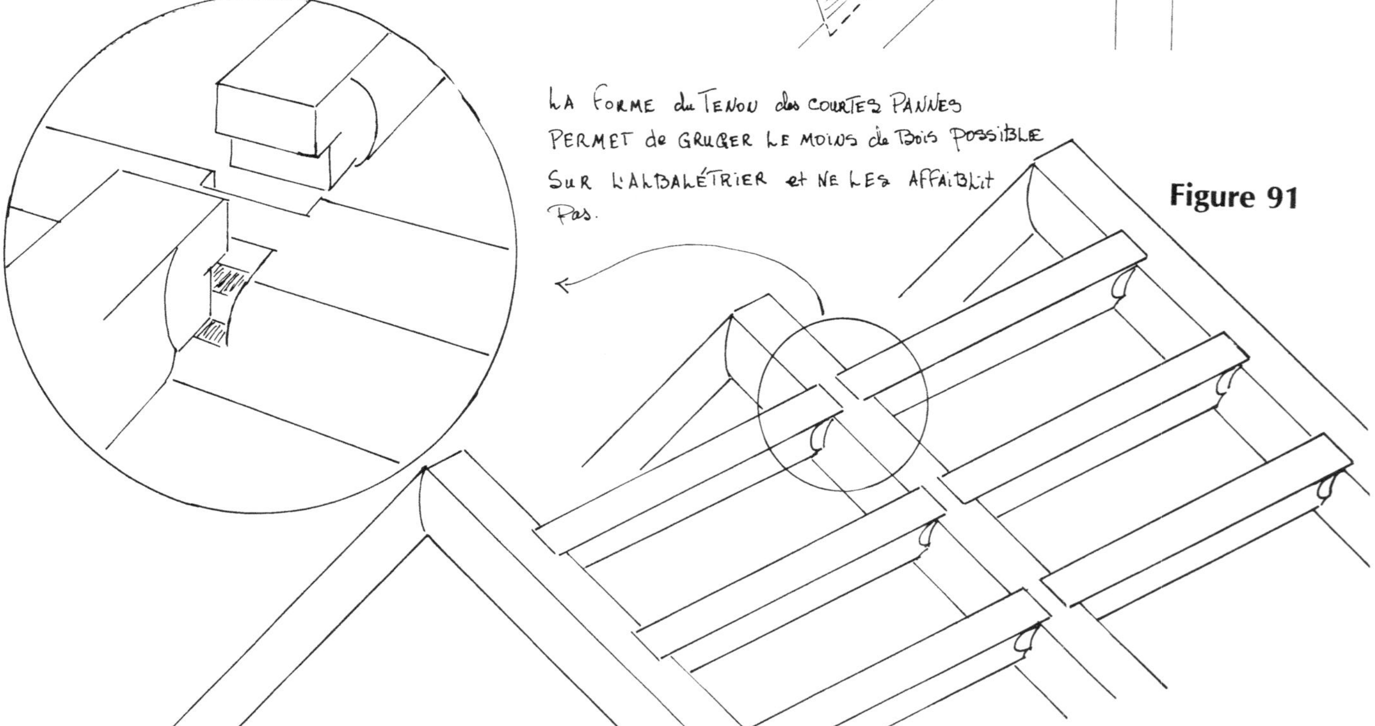

Figure 91

ÉLECTRICITÉ

Avant même de poser la première bille, vous devez connaître les emplacements de vos sorties électriques. Si vous les dessinez sur plan, faites-les vérifier par un contracteur en électricité. Si vos notions dans ce domaine sont limitées, demandez-lui de vous indiquer clairement l'emplacement de chaque sortie et le type de fil que l'on doit employer. N'hésitez pas à accomplir cette démarche; des fils qui courent sur les billots détruiront l'harmonie de votre maison.

Pour cacher le filage, il faudra le faire passer dans les murs. Tracez au cordeau une ligne au centre de la première bille du carré, déterminez l'endroit exact où vous poserez votre sortie et creusez un trou à la tarière qui traversera la bille. Faites une marque à cet endroit sur le côté de la bille. Lorsque vous aurez posé une deuxième rangée de billot, reportez cette marque à l'aide d'un niveau sur le second billot. Faites un trait au cordeau au centre. Creusez à la tarière. Les deux trous devraient se trouver en ligne. Un léger écart est négligeable lorsqu'on emploie une mèche assez grosse. Mais si le trou est à la dimension du fil, on risque de le coincer. Recommencez le même procédé sur les billes suivantes, jusqu'à ce que vous obteniez la hauteur désirée. (fig. 92)

Il existe sur le marché des tarières qui s'adaptent sur votre scie à chaîne. L'expérience vous enseigne qu'il y a deux choix possibles pour situer une sortie: au centre d'une bille ou à la latérale.

Figure 92

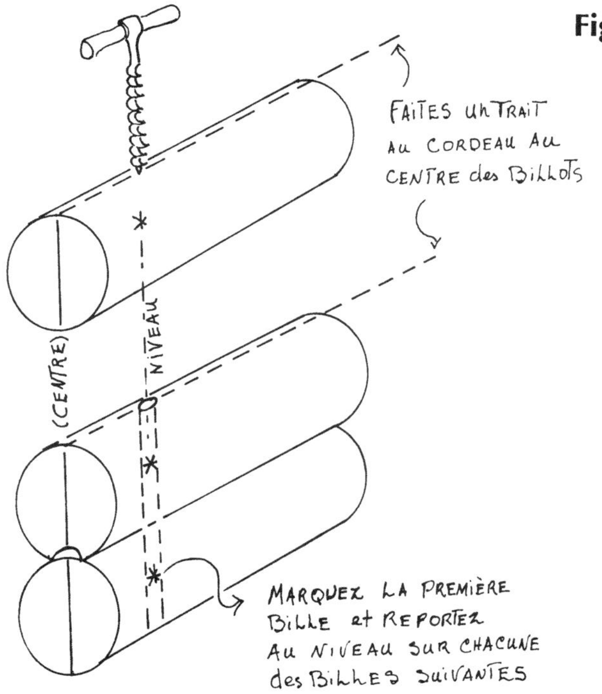

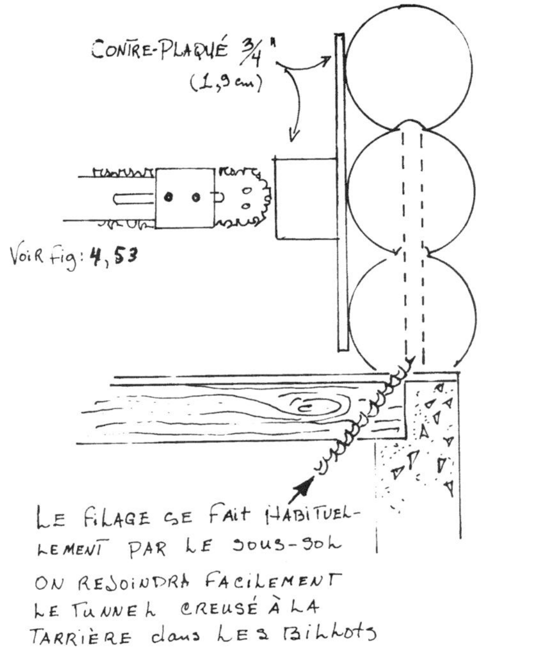

Dans le premier cas, vous pouvez construire un gabarit de contre-plaqué qui vous facilitera la tâche. Creusez le trou à l'horizontale ou à la verticale au choix. Rejoignez le tunnel principal à la tarière. Nettoyez le tout au ciseau à bois. (fig. 93)

Figure 93

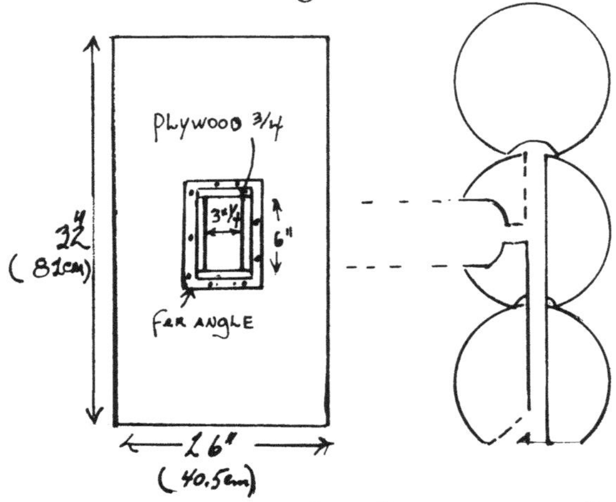

Mais si vous possédez déjà une installation temporaire, il est tout aussi rapide de dessiner sur le mur la forme de la boîte à encastrer, d'utiliser une perceuse électrique et de percer une série de petits trous en suivant le contour de la boîte. Pour éviter le centre, utiliser une plus grosse mèche. Terminez au ciseau à bois.

Dans le second cas, un trou à l'horizontale effectué à la tarière à la hauteur de la latérale, rejoint celui pratiqué à la verticale. Le fil trouve un passage et la boîte sera cachée par une plaque décorative que vous pouvez découper dans une planche à la dimension que vous souhaitez. La forme, la décoration et le design sont laissés à votre imagination. Ces plaques peuvent être utilisées au plafond si les sorties électriques ne se font pas à travers la solive du plancher. Les fils chemineront cependant dans un canal creusé à la scie à chaîne sur la surface supérieure des solives.

Si vous situez les interrupteurs sur le côté des portes et fenêtres, faites courir les fils au fond de la mortaise d'affaissement avant de poser la clavette.

Servez-vous des latérales pour passer d'une prise à l'autre. En un mot, cachez vos fils.

Et si vous construisez un toit cathédrale, profitez de la période de construction et de l'isolation du toit pour y faire courir les fils qui serviront à alimenter vos plafonniers et l'indispensable ventilateur (*fanne*) qui redistribuera également la chaleur et qui a la fâcheuse habitude de se loger dans les hauteurs.

Lors de la pose de la boîte électrique et du compteur, avertissez le contracteur de l'affaissement du carré, un oubli pourra vous occasionner une fâcheuse surprise.

DIVISIONS INTÉRIEURES

• En bois rond

Elles devraient normalement être construites en même temps que le carré et emboîtées dans celui-ci. La façon la plus simple et la plus logique parce qu'elle ajoute de la solidité au carré, est celle illustrée à la section Murs d'intersection. (fig. 60).

Figure 94

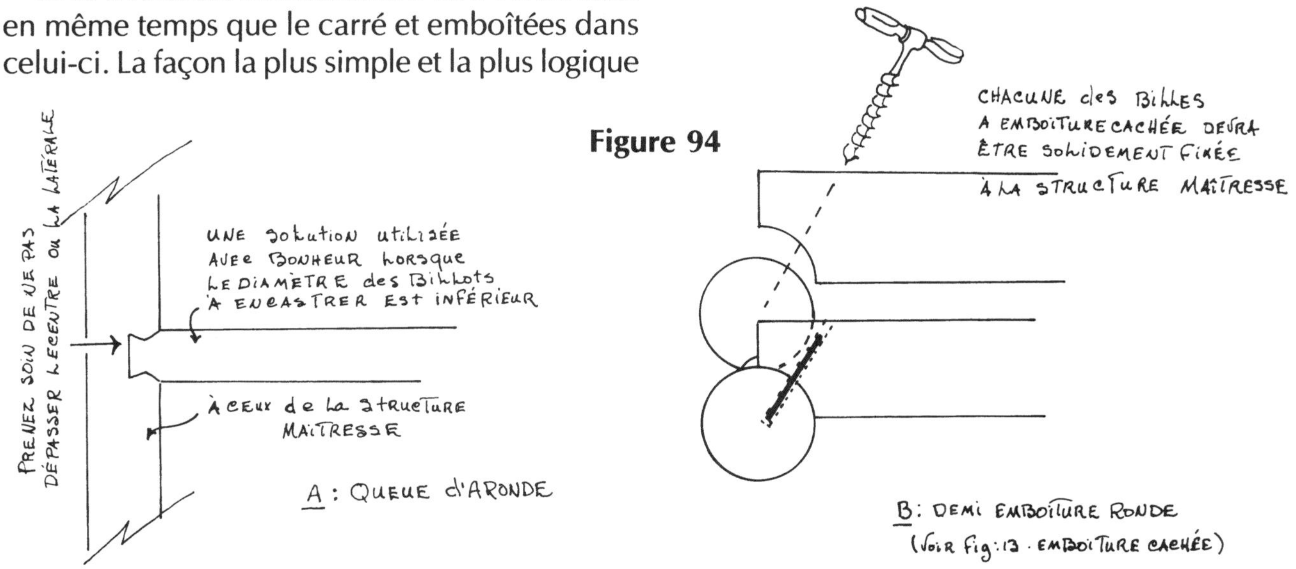

D'autres solutions peuvent cependant être envisagées pendant la construction du carré (fig. 94 A B), voir également (fig. 13) et même après la construction du carré (fig. 95 A B).

Figure 95

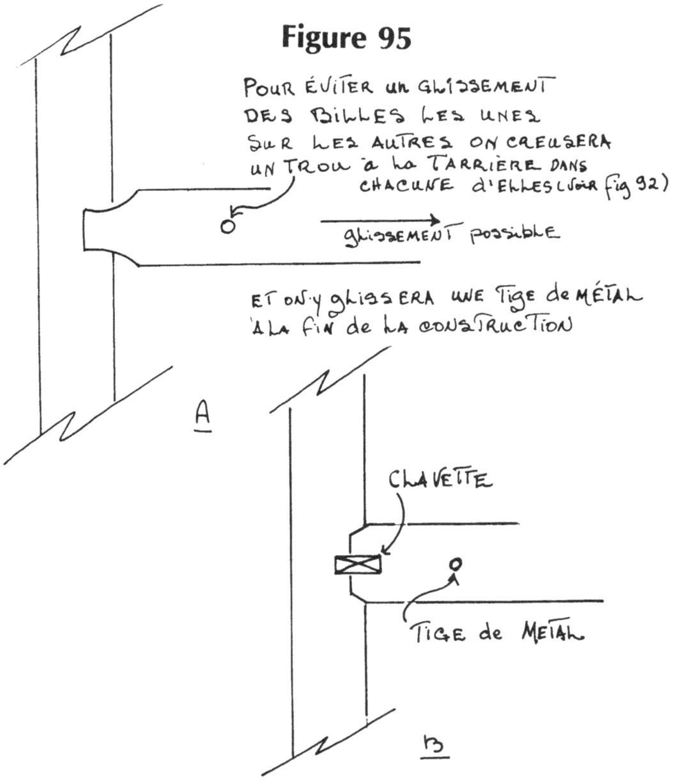

• En bois de dimension

On ne peut pas utiliser ces murs comme murs de soutien. Leur structure rigide ne leur permet pas de suivre l'affaissement du carré.

Donc le carré devra coulisser le long de la division. Mais cette division devra quand même être fixée solidement au carré. Pour ce faire, le premier montant de la division devra être cloué aux billots. À la base, le clouage se fait comme à l'ordinaire, mais pour les billots supérieurs on pratiquera une entaille à la scie à chaîne dans le montant pour chaque clou qu'on voudra poser. Le clou sera glissé au sommet de la fente et enfoncé dans un billot qui pourra descendre librement lors de l'affaissement. Placez une rondelle d'acier sous le clou pour éviter qu'il s'enfonce dans l'entaille. (fig. 96)

À la jonction on peut creuser une mortaise dans le mur de billot, de largeur égale à celle de la division, finition comprise, ou plus simplement creuser deux fentes le long du montant pour y insérer le parement qui recouvre l'ossature. (fig. 97 A, B)

On devra également laisser un espace au-dessus de la division pour que le plancher ou le toit puisse descendre sans s'y appuyer. (fig. 96-98) Pour cacher cet espace, on utilisera la même technique que pour les ouvertures. Avant de construire notre mur, on posera au plafond une haute lisse de largeur égale à la division (parement compris). On calculera la distance séparant cette pièce du plancher, multipliée par ¾; cela nous donnera l'espace qu'on devra laisser entre le dessus de la division et la haute lisse. Lorsque les murs seront érigés, on posera une plinthe de chaque côté de la pièce clouée au plafond. Cette plinthe devient un élément décoratif, partie intégrante de la division. (fig. 98)

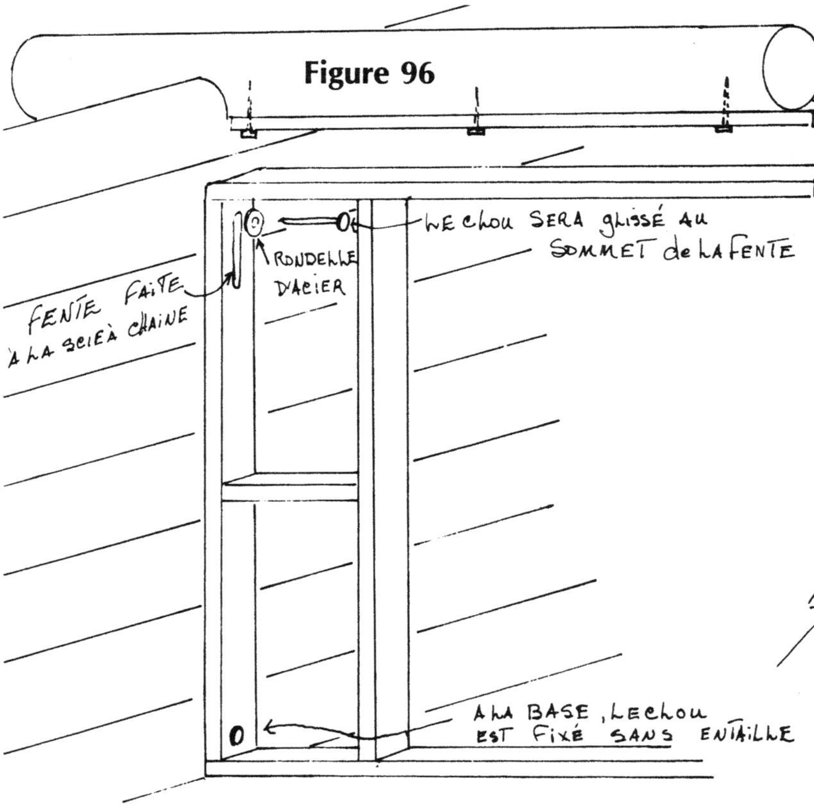

Figure 96

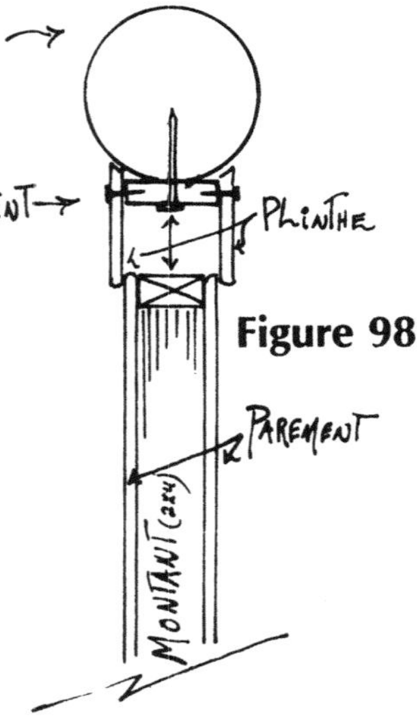

Figure 98

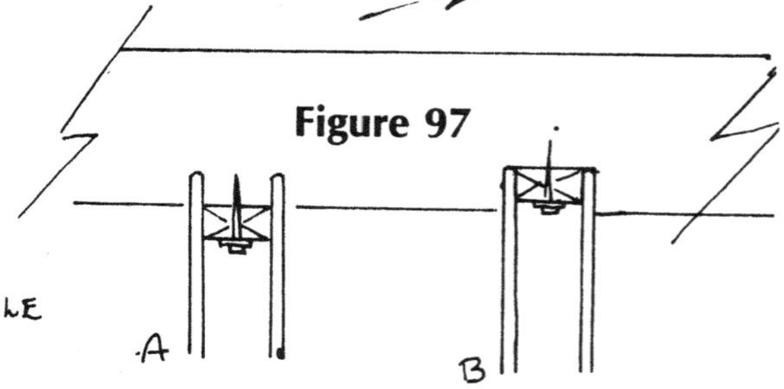

Figure 97

ESCALIERS

•Calcul des marches et contremarches

Il est accepté, pour qu'un escalier soit sécuritaire et facile à utiliser, que les contremarches aient une hauteur qui se situe entre 7″ et 8″ (17,5 et 20 cm) et que les marches aient une largeur d'environ 10″ (25 cm). L'addition de

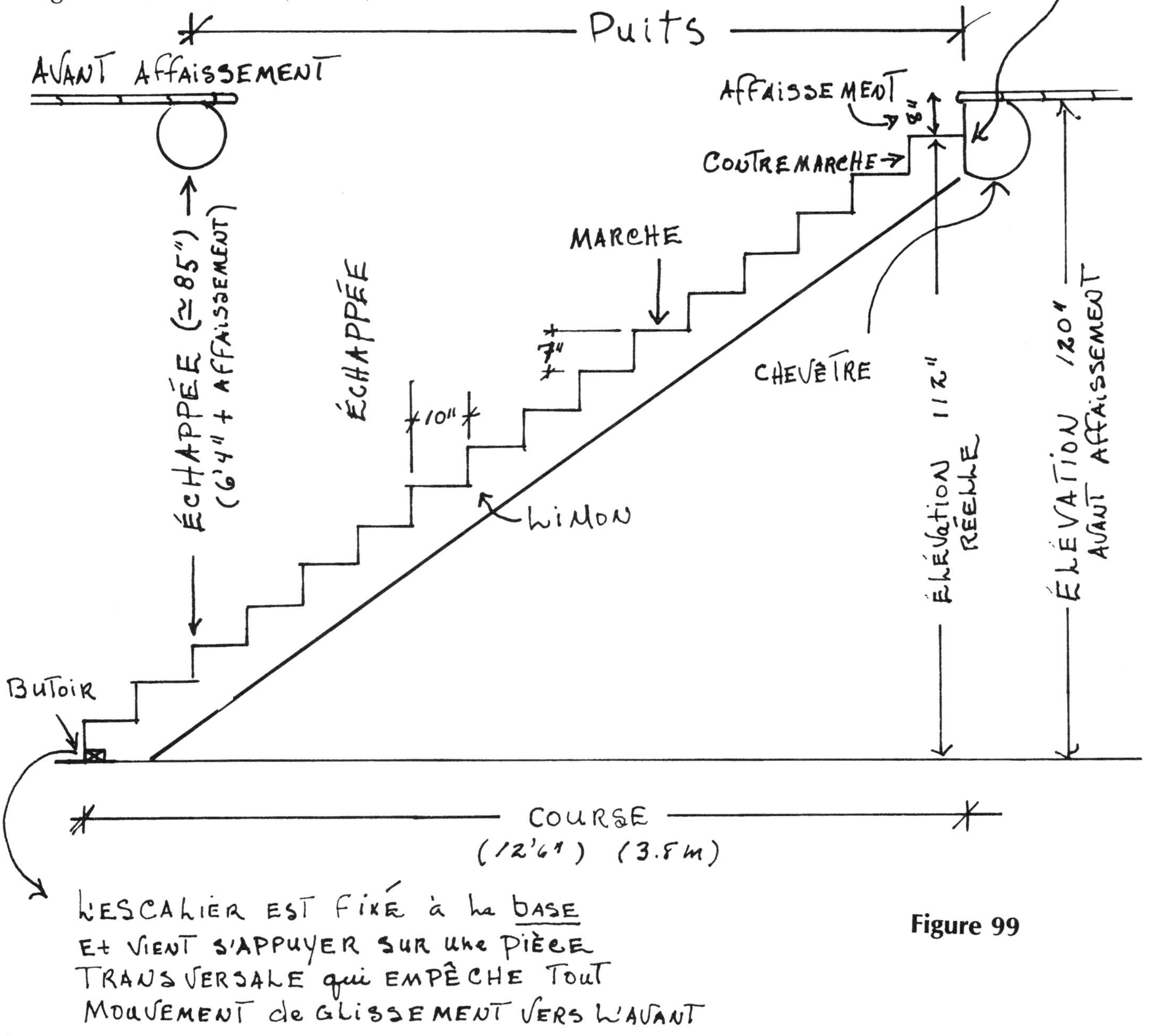

Figure 99

ces deux chiffres nous procure le nombre 17 à l'intérieur duquel tous nos calculs s'effectueront. L'arrivée sur le premier plancher n'étant pas compté comme une marche, il y a toujours une contremarche de plus que les marches. Un escalier dont les marches sont en nombre impair est plus facile à grimper.

Les escaliers, comme on l'a fait pour les portes, les fenêtres et les divisions fixes, devront être calculés en fonction de l'affaissement. La course disponible demeurera toujours la même, seule la hauteur (élévation) changera. Nous retiendrons pour nos calculs la hauteur obtenue une fois le tassement terminé.

Prenons pour exemple un premier plancher situé à 10', (13,5 m) il devra s'affaisser de (10 X ¾ = 8") huit pouces (20,3 cm). La hauteur de l'escalier projeté devra être de 9' 4" ou 112" (2,84 m).

Divisons notre élévation par 7, (hauteur présumée de la contremarche) (112 ÷ 7 = 16) nous obtenons seize contremarches (nombre pair) donc quinze (15) marches (nombre impair). Soustrayons 7 de 17, nous obtenons 10" soit la largeur de la marche.

La course de l'escalier sera donc de (15 X 10" = 150 ") ou douze pieds, six pouces (12' 6") (3,8 m) (fig. 99).

Si vous ne disposez pas de cet espace, divisez la hauteur par un chiffre supérieur à 7" mais ne dépassant 8". Si on choisit de diviser par 8, nous obtenons 14 contremarches, donc 13 marches. La largeur de cette dernière devient (17 − 8 = 9) neuf pouces et la course sera de (9 X 13 = 117") neuf pieds neuf pouces (9' 9").

Cet exemple peut pécher par facilité. Il arrive que les dimensions des marches ne soient pas toujours aussi précises. Compliquons un peu nos calculs.

Soit un plancher situé à 9' 10". Un affaissement d'environ 8", donc une élévation projetée de 110". Le nombre de contremarches de 7" sera de 15,71. On utilisera 15 contremarches et on redistribuera la fraction restante à toutes les contremarches. La hauteur de la contremarche deviendra 7,33 ou 7" 5/16, la largeur 9 11/16 et la course 11' 3" 4/16.

• Comment fixer l'escalier

Si le carré doit s'affaisser, l'escalier ne peut être fixé qu'à la base (fig. 99) ou au sommet (fig. 100), jamais les deux en même temps.

Figure 100

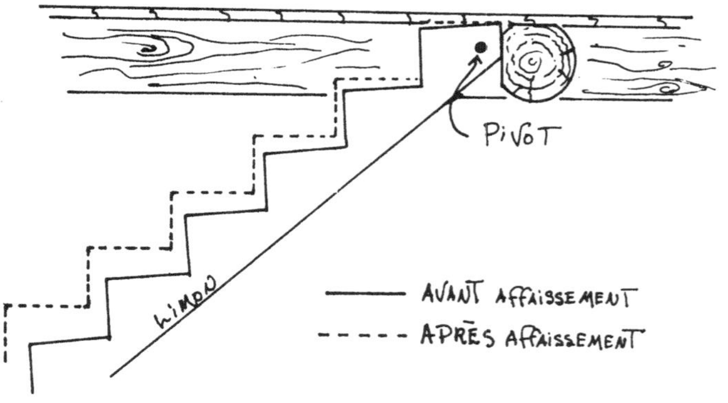

LES LIMONS situés ENTRE DEUX SOLIVES SONT FIXÉS AU SOMMET PAR UNE TIGE de MÉTAL. L'ÉLÉVATION est CALCULÉE APRÈS AFFAISSEMENT. LE BAS de L'ESCALIER EST LIBRE de GLISSER SUR LE PLANCHER

MÉTHODES POUR MANIER LES BILLOTS

À moins d'être un professionnel ou de louer l'aide de l'un d'entre eux, il est douteux que vous puissiez disposer de machines sophistiquées qui allègent et accélèrent le travail.

Mais si votre budget vous le permet, et que vous pouvez mettre la main sur un vieux camion remorque ou tout autre camion, vous pourrez facilement le transformer à un coût raisonnable.

Un treuil électrique de 8 000 lbs monté à l'arrière d'un camion de 2 tonnes sur lequel on aura construit une structure d'acier en A ou un petit tracteur muni d'une pelle hydraulique fera également l'affaire.

Mais si tout cela est au-dessus de vos moyens, ou si le site trop accidenté vous empêche d'utiliser des moyens mécaniques, n'abandonnez pas pour autant.

Vous pouvez relier deux poteaux ou deux arbres qui bordent votre site de travail avec un câble d'acier de ½ pouce (1,25 cm) à une hauteur raisonnable pour y effectuer tous vos travaux, toit y compris. Faites rouler sur ce câble une poulie à chaîne ou une poulie double qui vous permettra de lever votre billot et de le déplacer là où vous le désirez. Ce travail peut être fait à la main ou à l'aide d'un cheval ou d'une voiture. De cette façon, si vous construisez hors site, vous pourrez même vous permettre de bâtir plusieurs maisons au même endroit.

Vous pouvez également construire un mât au milieu du carré ou à l'extérieur, vous servir d'échafaud, ou tout simplement rouler les billots sur le carré à l'aide d'un câble.

NETTOYAGE ET PROTECTION DU BOIS

À ma connaissance, on n'a malheureusement pas encore mis sur le marché un produit incolore qui combatte aussi efficacement qu'une teinture l'action néfaste des rayons ultraviolets. Mais teindre une maison en bois rond, c'est vraiment triste!

Aussi dans l'attente du produit miracle qui permettra de garder aux billots leur belle couleur blonde, a-t-on vu se développer une multitude de mélanges maison. À retenir l'emploi du pentachlorophenol, un poison incolore, agent insecticide et fongicide, préservatif idéal contre le pourrissement dû à la pénétration de l'eau et contre le grisonnement et les taches dues à l'action combinée de la montée de sève et des rayons du soleil. On y ajoute habituellement une quantité égale d'huile de lin bouillie pour nourrir le bois.

On versera ce mélange dans une plus grande quantité (2 pour 1) de solvant, (térébenthine, diluant, etc.) d'huile légère ou même de fuel si on a le temps de laisser le carré à l'air libre pour enlever l'odeur. Donc ½ penta + ½ huile de lin + 2 huiles légères. Le tout peut être appliqué à l'aide d'un pulvérisateur de jardin (2 gallons 9 litres), si on a pris soin de se couvrir le visage et les mains. Les quantités changent d'une construction à l'autre. Certains y ajoutent même de la paraffine fondue (3 onces au gallon), ou pigmentent le mélange pour empêcher les rayons ultraviolets d'attaquer le bois et de le faire grisonner.

Si vous n'avez pas appliqué votre solution assez rapidement et que vos billots ont grisonné, ne vous en faites pas. Vous pourrez les nettoyer. Employez de la lessive (Lye), de l'eau de Javel ou du chlore avec une brosse à plancher, jamais une brosse d'acier. Ou louez une machine à vapeur et utilisez un savon doux. Mais mieux encore, ces petites pompes qu'on emploie pour nettoyer les planchers des garages et qui projettent l'eau froide avec 1000 lbs de pression. Vous verrez votre bois reprendre sa belle couleur blonde en un tournemain.

TOUCHE DE FINITION

On a trop tendance à bâcler le travail de finition. Après avoir peiné pendant des semaines pour réaliser votre rêve et terminer votre structure, il serait dommage de ne pas accorder quelques heures à la touche ultime, la touche aérienne qui rehausse de façon tangible ce lourd travail de bâtisseur.

les extrémités des billots (Voir photo page 106)

le bord des fenêtres (Voir photo page 106)

MAISON EN BOIS
ROND SÂGÂ LTÉE

André Julien
Lac Saguay,
Cté Labelle
JOW-1LO
1-819-278-4287

BONNE CHANCE!

Imprimé au Canada par
Transcontinental Métrolitho